W0356219

Mein Kosmos-Buch

Natur

Mein Kosmos-Buch
Natur

Die 150 wichtigsten einheimischen Tiere und Pflanzen

Bärbel Oftring

KOSMOS

Inhalt

Vögel 92

Wirbeltiere 116

Insekten 140

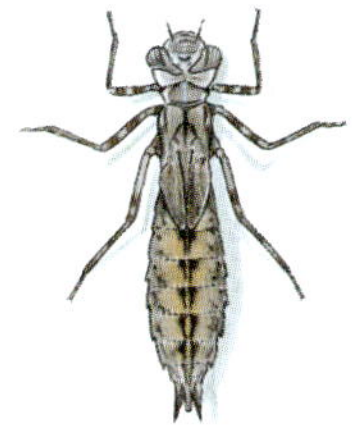

Wirbellose 164

Einleitung

Pflanzen und Tiere, die bei uns leben

Kennst du die 150 häufigsten und wichtigsten Tiere, Pflanzen und Pilze, die bei uns vorkommen? Dieses Buch stellt sie dir vor! Und nebenbei erfährst du jede Menge spannende Fakten. Wusstest du zum Beispiel, dass Igelbabys mit Stacheln auf die Welt kommen? Oder dass Libellen wie Hubschrauber in der Luft stehen und sogar rückwärts fliegen können?

Natürlich gibt es auf der Welt viel, viel mehr Tiere, Pflanzen und Pilze, als in diesem Buch vorgestellt werden. Da man die unglaubliche Artenvielfalt nicht in einem einzigen Buch zeigen kann, beschränkt sich **Mein Kosmos-Buch Natur** auf die wichtigsten heimischen Tiere, Pflanzen und Pilze, die du bei uns beobachten kannst.

Dieses Buch besteht aus 8 Kapiteln:

- Bäume
- Blumen
- Pilze
- Säugetiere
- Vögel
- Wirbeltiere (Kriechtiere, Lurche und Fische)
- Insekten
- Wirbellose

In jedem Kapitel werden dir 20 Lebewesen vorgestellt. (Bei den Pilzen sind es nur 6.) Am Ende jedes Kapitels wartet eine Reportage zu einem spannenden Thema auf dich. Ganz vorne im Buch findest du einen Überblick über das Tierreich und ganz hinten im Buch ist das Reich der Pflanzen und Pilze abgebildet. Dort bekommst einen guten Überblick über die in diesem Buch vorgestellten Tiere, Pflanzen und Pilze.

Pflanzen und Tiere beobachten

Wenn du denkst, du könntest Tiere und Pflanzen bei uns nur im Wald, an einem Teich oder auf einer Bergwiese beobachten, dann hast du dich getäuscht. Schau dich mal um. Pflanzen und Tiere gibt es überall. Sogar mitten in der Großstadt findest du Löwenzahn auf den Gehwegen, Amseln im Efeu an der Hauswand und Florfliegen in der Wohnung.

Aber natürlich leben die meisten Tier- und Pflanzenarten in Gärten, Parks, Wäldern und anderen natürlichen Lebensräumen. Geh einmal in den Garten oder Wald, um Tiere und Pflanzen zu beobachten. Schau dir zuerst die Blätter an den Bäumen, die Blüten und Früchte an – Pflanzen können nicht davonlaufen und lassen sich ganz einfach betrachten. Wenn du hinausstürmst und hoffst,

gleich – wie in einem Film – rasante Tierszenen zu sehen, wirst du vermutlich enttäuscht sein. Um die meisten Tiere zu beobachten, brauchst du Geduld. Setz dich einfach eine Weile ans Fenster und beobachte eine Hecke oder Sträucher. Leg dich auf eine Wiese oder unter Waldbäume. Verhalte dich ganz still und warte – deine Geduld wird belohnt, wenn eine Zauneidechse ganz nah an dir vorbeihuscht oder ein Schmetterling direkt auf der Blüte vor deiner Nase landet.

Mit Lupe und Fernglas unterwegs

Wenn Tiere oder Pflanzen weit weg sind oder so klein, dass man sie kaum sehen kann, dann helfen dir Fernglas und Lupe (Becherlupe). Mit ihnen kannst du noch mehr entdecken.

Mit dem Fernglas kannst du Tiere aus großer Entfernung ganz nah sehen: Vögel im Gebüsch oder hoch oben am Himmel, Rehe am Waldrand oder eine Ringelnatter am Teichufer.

Die Lupe vergrößert alles, was du darunter legst. Ganz praktisch ist die Becherlupe. In den Kunststoffbecher gibst du vorsichtig das Tier oder die Pflanze hinein, die du betrachten möchtest. Das können sogar wehrhafte Bienen, Wespen oder Spinnen sein, denn du musst sie ja nicht anfassen.

Da du den Becher auch mit Wasser füllen kannst, lassen sich darin auch die Tiere, die im Wasser leben, beobachten. Schau dir die Tiere bitte nur kurz an und lass sie dann wieder frei, und zwar dort, wo du sie eingesammelt hast.

Das Naturtagebuch

Hast du Lust, ein Tagebuch über deine Streifzüge durch die Natur zu führen? In diesem Buch kannst du deine Beobachtungen festhalten.

Damit dein Naturtagebuch etwas bunter wird, kannst du gesammelte Federn, Blätter und Blüten hineinkleben. Oder zeichne doch mal einige der beobachteten Tiere und Pflanzen. Du wirst sehen: Schon bald bist du ein richtiger Naturexperte und wirst mit vielen deiner Beobachtungen nicht nur deine Freunde, sondern auch viele Erwachsene verblüffen.

Viel Spaß auf deinen Entdeckungstouren in der Natur!

Darin steht dann zum Beispiel:

- wann und wo du zum ersten Mal eine bestimmte Tier- oder Pflanzenart gesehen hast,
- wann und wo du zum ersten Mal im Jahr Schwalben oder Mauersegler, Raupen oder Hummeln beobachtet hast,
- wann Schneeglöckchen, Obstbäume, Margeriten oder Sonnenblumen zum ersten Mal geblüht haben,
- welche Tiere und Pflanzen du auf einem Spaziergang im Wald gesehen hast.

Bäume haben einen holzigen Stamm, der sich zu einer breiten Krone verzweigt. Bäume können 10 Meter und höher werden. Sträucher dagegen sind kleiner, haben keinen Stamm und verzweigen sich bereits dicht über dem Boden. Man unterscheidet Laub- und Nadelbäume. Laubbäume haben breite Blätter, Nadelbäume schmale Nadeln. Die meisten Bäume werfen ihre Blätter im Winter ab, während fast alle Nadelbäume ihre grünen Nadeln das ganze Jahr tragen.

Was ist ein Baum?

Männliche und weibliche Blüten

Alle Bäume bilden Blüten. Es gibt männliche und weibliche Blüten. Bei manchen Bäumen wachsen männliche und weibliche Blüten an einem Baum. Das nennt man einhäusig. Bei anderen Bäumen befinden sich weibliche und männliche Blüten auf unterschiedlichen Bäumen. Das nennt man zweihäusig. Werden die Blüten befruchtet (vom Wind oder von Insekten), entwickeln sich Früchte und Samen. Mit Hilfe der Samen pflanzt sich der Baum fort. Blüten, Früchte, Blätter und Rinde sehen bei den einzelnen Baumarten sehr unterschiedlich aus.

Befruchtung

Die meisten Bäume werden vom Wind bestäubt, einige aber auch von Bienen. Wenn eine Biene eine Blüte besucht, um Nektar zu trinken, bleibt der klebrige Pollen der Blüten am Körper der Biene haften. Wenn sie dann andere Blüten derselben Baumart besucht, überträgt sie den Pollen auf die weiblichen Blütenteile. Auf diese Weise werden die Blüten bestäubt und befruchtet. Daraus entwickeln sich dann die Früchte und Samen.

Daran erkennst du eindeutig einen Baum

- Er hat einen holzigen Stamm
- Seine Krone besteht aus Ästen und Zweigen, die Blätter oder Nadeln tragen
- Kräftige Wurzeln verankern den Baum im Boden
- Nadelbäume haben schmale Nadeln, Laubbäume breite Laubblätter

Die Eibe

Im Herbst kannst du die Eibe besonders leicht erkennen. Dann sitzen knallrote Beeren an den Unterseiten der Zweige – allerdings nur bei den weiblichen Bäumen. Denn die Eibe ist eine zweihäusige Pflanze: Die weiblichen und männlichen Blüten wachsen bei der Eibe nicht auf demselben Baum, sondern auf verschiedenen. Die männlichen Blüten sind kugelige Kätzchen, die im Frühjahr ihren hellgelben Blütenstaub in den Wind streuen.

Steckbrief

- Höhe: 6–18 m hoch
- Blütezeit: März bis April
- Auffällige Merkmale: Nadelbaum; rote Beeren
- Wissenswertes: bei uns die Baumart, die mit bis zu 2.000 Jahren am ältesten wird; behält im Winter ihre Nadeln; wächst sehr langsam
- **Sehr giftig**

Der Wind bestäubt die Blüten

Der Wind trägt den Blütenstaub zu den unscheinbaren grünen weiblichen Blüten und bestäubt sie. Im Laufe des Sommers entwickeln sich dann aus den weiblichen Blüten die roten Beeren. Vögel verbreiten die Samen der Eiben: Sie fressen die Beeren und scheiden die Samen mit ihrem Kot wieder aus. Oft liegen die Samen dann jahrelang im Boden, bevor sie keimen. Einst wuchsen bei uns riesige Eibenwälder, die von den eindringenden Römern abgeholzt wurden. Denn Eibenholz ist zäh, hart und elastisch und eignet sich zur Fertigung von Waffen wie Bögen, Pfeile, Armbrüste und Wurfhämmer.

Schau genau hin ...

Obwohl die Eibe ein Nadelbaum wie Fichte, Tanne und Kiefer ist, bildet sie keine Zapfen. Sie entwickelt rote Beeren. Öffnest du eine rote Beere, findest du darin 1–2 dunkle Samenkerne. Danach musst du dir gut die Hände waschen, denn alle Pflanzenteile der Eibe sind giftig – bis auf die roten Beerenhüllen.

Die Lärche

Steckbrief

- Höhe: 25–40 m hoch
- Blütezeit: März bis Mai
- Auffällige Merkmale: Nadelbaum; Nadeln stehen in Büscheln zusammen; im Herbst 3–5 cm lange, braune Zapfen
- Wissenswertes: liefert unter den Nadelbäumen das wertvollste Holz; Nadeln verfärben sich im Herbst goldgelb und fallen ab

Die Lärche ist der einzige Nadelbaum in Mitteleuropa, der im Herbst seine Nadeln verliert. Alle anderen Nadelbäume sind das ganze Jahr über grün. Im Winter sind die Äste und Zweige der Lärche kahl. Im Frühjahr treiben dann die neuen hellgrünen Nadeln aus, die im Sommer nachdunkeln. Im Herbst verfärben sich die Nadeln der Lärche dann goldgelb wie die Blätter vieler Laubbäume.

Lärchen brauchen zum Wachsen viel Licht

Lärchen gedeihen besonders gut in Höhenlagen – daher findest du die schönsten Lärchenwälder im Gebirge. Stürmische Winde und harte, schneereiche Winter machen ihnen nichts aus. Lärchenholz ist sehr haltbar. Deshalb fertigten die Menschen aus dem Holz diese Bäume früher Wasserleitungen, Bottiche und Kübel. Heute wird Lärchenholz zum Bau von Türen, Fenstern und Möbelstücken, die jahrelang duften, genutzt.

Schau genau hin ...

Streich einmal über einen benadelten Zweig. Dann spürst du, dass die weichen Nadeln nicht stechen. Im Frühjahr blüht die Lärche. Zunächst erscheinen die roten weiblichen Blüten in kleinen Zapfen, die aufrecht an den Zweigen stehen. Sie blühen vor den männlichen Blüten, damit sie vom Blütenstaub anderer Lärchenbäume bestäubt werden. Dann brechen die gelben männlichen Blüten durch, die an Kätzchen herabhängen.

Die Waldkiefer

In der Zeit, als es noch kein elektrisches Licht gab, wurden vom Rittersaal bis zur Bauernstube die Räume mit Kiefernspänen beleuchtet. Diese Kiefernspäne hießen Kienspäne und waren fingerdicke, etwa 20 cm lange Holzstücke. Nach dem Trocknen tauchten die Menschen die Kiefernspäne in Pech oder Harz, damit sie länger brannten. Dann leuchteten sie ungefähr 2 Stunden lang.

Steckbrief

- Höhe: 30–50 m hoch
- Blütezeit: Mai
- Auffällige Merkmale: Nadelbaum; bis zu 8 cm lange, blaugrüne, spitze Nadeln, die paarweise wachsen; 4–6 cm lange, hängende Zapfen
- Wissenswertes: heißt auch Gemeine Kiefer oder Föhre; ist bei uns neben der Fichte der meistgepflanzte Baum; im Mai kann der Boden unter Kiefern vom Blütenstaub gelb sein

Die Waldkiefer liefert besonders gutes Holz

Ihr Holz eignet sich gut zur Herstellung von Türen, Fenstern, Eisenbahnschwellen und Möbeln. Erkundige dich einmal, welche Möbel in deinem Zimmer aus Kiefernholz gebaut sind.

Weil sie für die Holzindustrie so wichtig sind, werden bei uns sehr viele Kiefern gepflanzt. Sie stehen auf großen Waldflächen in langen Reihen nebeneinander. Man nennt das auch Monokultur, weil hier außer Kiefern nichts anderes wächst. Kiefern wachsen am besten auf nährstoffarmen Sandböden und kargen Felsen. Deshalb kommen sie auch in den Alpen bis 1.600 Meter Höhe vor.

Schau genau hin ...

Am Stamm oder Ast einer Kiefer kannst du manchmal durchsichtige gelbe Tropfen entdecken. Sie fühlen sich klebrig an. Das ist Harz. Die Kiefer und viele andere Nadelbäume produzieren Harze im Holz und in den Nadeln. Damit verkleben sie Wunden und schützen so das Holz vor dem Verfaulen. Bernstein, aus dem Schmuckstücke gemacht werden, ist sehr altes, versteinertes Harz. Manchmal sind darin kleine versteinerte Insekten erhalten, die vor vielen Millionen Jahren im damals frischen Harz kleben geblieben sind.

Die Weißtanne

Steckbrief

- Höhe: 30–50 m hoch
- Blütezeit: Mai bis Juni
- Auffällige Merkmale: Nadelbaum; kerzengerader Stamm; flache Nadeln mit 2 weißen Bändern auf der Unterseite; aufrecht stehende Zapfen
- Wissenswertes: Nadeln bleiben 4–6 Jahre am Baum; leichtes, weiches Holz für Zündhölzer, zur Papierherstellung und für den Bau von Musikinstrumenten

Oh Tannenbaum, oh Tannenbaum – so singen wir zu Weihnachten. Den Brauch, zur Weihnachtszeit einen geschmückten Baum aufzustellen, gibt es bei uns seit dem 17. Jahrhundert. Die meisten Weihnachtsbäume sind heutzutage allerdings gar keine Tannen mehr wie früher, sondern Fichten – diese werden im Volksmund auch Rottannen genannt.

Tannen sind bei uns selten geworden

Die ausgedehnten Tannenwälder von einst sind heute verschwunden. Das liegt vor allem daran, dass Weißtannen besonders empfindlich auf die von Industrie- und Autoabgasen verursachte Luftverschmutzung und den sauren Regen reagieren. Die Nadeln der Weißtannen verwelken, Pilze und Schädlinge (Borkenkäfer und Läuse) befallen die geschwächten Bäume, bis sie schließlich absterben. Weißtannen verdanken ihren Namen der weißgrau gefärbten Rinde.

Schau genau hin ...

Unter einer Tanne wirst du – anders als unter Fichten – niemals ganze Zapfen finden. Wenn die Samen im Oktober reif werden, zerfallen die Zapfen schon an den Zweigen. Die Samen und die einzelnen Schuppen fallen herunter. Auf den Zweigen bleiben nur die Zapfenspindeln stehen, an der die Schuppen saßen.

Die Fichte

Ursprünglich ist die Gemeine Fichte ein Baum der Berge. In der freien Natur wächst sie nur in Höhenlagen über 800 m. Hier bildet sie große Wälder und entfaltet wie eine Pyramide ihre mächtige Krone mit den weit ausladenden Ästen. An den Zweigen baumeln häufig lange Bartflechten, die den Bergwald in einen Zauberwald verwandeln. Wegen ihrer rötlichen Rinde wird die Fichte auch Rottanne genannt.

Steckbrief

- Höhe: 30–50 m hoch
- Blütezeit: Mai bis Juni
- Auffällige Merkmale: Nadelbaum; spitze, sehr harte Nadeln, die einzeln stehen; hängende braune Zapfen
- Wissenswertes: wird wegen ihrer rötlichen Rinde auch Rottanne genannt; Fichtenholz wird für den Bau von Häusern, Möbelstücken und Streichinstrumenten verwendet

Im Fichtenforst herrscht Ruhe

Bei uns wurden Fichten oft in großen Plantagen gepflanzt, weil diese Nadelbäume schnell wachsen und daher in kurzer Zeit viel Holz liefern. In einem Fichtenforst ist es ganz still, weil dort kaum Vögel leben. In Monokulturen, wie z. B. in einem Fichtenwaldstück, leben nicht sehr viele verschiedene Tier- und Pflanzenarten, da es an geeigneter Nahrung und Unterschlupfmöglichkeiten mangelt. Da die Fichten in Monokulturen oft von Blattläusen befallen werden, pflanzt man heute in den Wäldern keine Monokulturen mehr. Vielmehr legt man Wert auf einen Mischwald mit verschiedenen Baumarten, da hier viele verschiedene Tier- und Pflanzenarten leben können.

Schau genau hin …

Sieh dir im Herbst einmal einen Fichtenzapfen genau an. Du kannst am Zapfen erkennen, ob die Luft feucht oder trocken ist. Hast du den Zapfen im feuchten Gras gefunden, liegen die Schuppen eng an. Legst du diesen auf eine warme Heizung, öffnen sich nach und nach alle Schuppen. Wieso? Unter den Schuppen liegen die Samen. Sie sollen nur bei trockenem Wetter herausfallen – dann sind die Schuppen geöffnet. Bei feuchtem Wetter würden die Samen faulen – deshalb bleiben die Schuppen zu und die Samen im Zapfen.

Der Wacholder

Steckbrief

- Höhe: 4–12 m hoch
- Blütezeit: April bis Mai
- Auffällige Merkmale: Nadelbaum; dichtes geschlossenes Nadelkleid aus meergrünen Nadeln, die zu dreien zusammenstehen; erbsengroße Wacholderbeeren
- Wissenswertes: wächst langsam, kann aber viele hundert Jahre alt werden

Der Wacholder kann – genau wie Buchen, Birken und Weiden – wie ein Baum oder wie ein Strauch wachsen. Ob es sich um einen Baum oder einen Strauch handelt, erkennst du vor allem an der Höhe und Dicke des Stamms. Der Wacholder braucht viel Sonne, ist aber sonst sehr genügsam. Er gedeiht auf nährstoffarmen Sandböden und erträgt ohne Probleme kalte Winter und trockene Sommer.

Der Wacholder blüht im Frühjahr

Die Blüten dieser Nadelbäume sind meist recht unauffällig, weil sie keine Insekten zum Bestäuben anlocken müssen. Beim Wacholder befinden sich die kleinen, gelben männlichen Blüten und die unscheinbaren grünen weiblichen Blüten an verschiedenen Pflanzen. Ein kleiner Windstoß reißt den männlichen Blütenstaub mit sich und weht ihn zum Bestäuben zu den weiblichen Blüten. Damit alle Blüten bestäubt werden, produzieren die Pflanzen riesige Mengen von gelbem Blütenstaub.

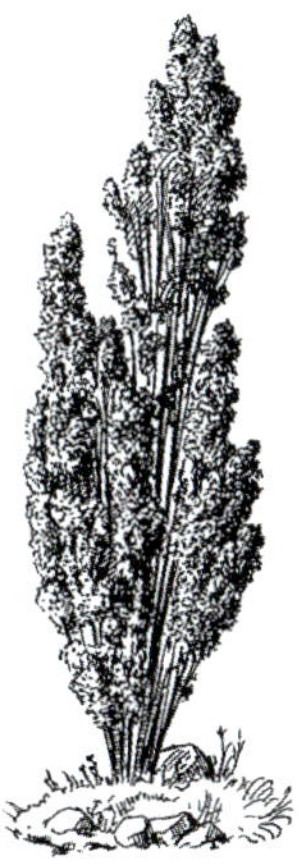

Schau genau hin …

Aus den bestäubten Blüten entwickeln sich Früchte, die beim Wacholder Beerenzapfen heißen. Im ersten Jahr sind sie grün, im zweiten blau und erst im dritten Jahr, wenn sie einen weißlichen Belag bekommen, sind sie reif. Nun kannst du sie ernten. Sie würzen Fisch, Fleisch und alkoholische Getränke. Wenn du eine aufschneidest, findest du darin drei braune Samen.

Die Haselnuss

Vor 8.000 Jahren hätten die Eichhörnchen bei uns im Schlaraffenland gelebt: Damals wuchsen nämlich zwischen der Nordsee und den Alpen fast nur Haselnusssträucher. Stell dir einmal die unendlichen Weiten an Sträuchern vor, an denen im Winter die Kätzchen baumelten und im Herbst die Haselnüsse reif wurden. Als das Klima dann feuchter wurde, verdrängten Eichen, Ulmen und Linden die Haselnuss.

Steckbrief

- Höhe: 2–5 m hoch
- Blütezeit: Februar bis April
- Auffällige Merkmale: Strauch; rundliche Blätter; im Herbst hartschalige, von grünen Blättern umgebene Nüsse
- Wissenswertes: wächst an Waldrändern, im Gebüsch, in Hecken und Wäldern; nahrhafte Nüsse mit hohem Eiweiß- und Ölgehalt

18

Die männlichen und die weiblichen Blüten

Die Haselnuss blüht, bevor die Blätter austreiben. Die weiblichen Blüten sehen wie kleine rote Pinsel aus, die männlichen sind die gelben Kätzchen. Sie erscheinen schon im Herbst an den Zweigen, entlassen aber erst im Frühjahr den Blütenstaub, der dann von Bienen gesammelt wird. Die Haselnuss ist einhäusig: Die männlichen und weiblichen Blüten sitzen bei der Haselnuss am selben Strauch.

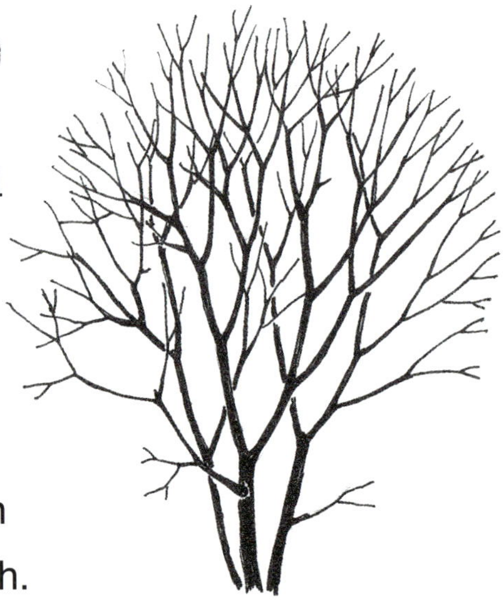

Schau genau hin …

Seit tausenden von Jahren gibt es Menschen, die die Äste des Haselnussstrauches als Wünschelruten verwenden. Mit ihnen suchen sie nach Wasseradern. Bei der Suche halten die Rutengänger die λ-förmige Rute waagerecht vor sich. Schlägt sie aus, befindet sich an dieser Stelle manchmal eine Wasserader. Es gibt aber nur wenige Menschen, die als Rutengänger erfolgreich sind.

Die Salweide

Steckbrief

- Höhe: 2–5 m hoch
- Blütezeit: März bis April
- Auffällige Merkmale: im Frühjahr auf den Zweigen sitzende Kätzchenblüten; im Mai und Juni Massen von weiß behaarten Samen, die davonwehen
- Wissenswertes: heißt auch Palmweide, weil ihre Zweige am Palmsonntag in der Kirche geweiht werden; wächst an Weg- und Waldrändern, in Steinbrüchen

Die Blüten der Weide heißen Palmkätzchen, denn sie fühlen sich so weich an wie das Fell einer jungen Katze. Im Frühjahr – bevor die Laubblätter sprießen – sind die Zweige mit vielen Kätzchen besetzt. Jedes Palmkätzchen besteht aus unzähligen männlichen oder weiblichen Blüten, die dicht gedrängt aneinander sitzen. Die Salweide kann wie ein Baum oder wie ein Strauch wachsen.

Weiden liefern wertvolle Bienennahrung

Im Frühling wirken Sträucher mit männlichen Blüten gelb, die mit weiblichen Blüten grün. Das Gelb kommt vom Blütenstaub, in den die Kätzchen eingehüllt sind, das Grün von den klebrigen Narben. Bienen und Hummeln bestäuben die Blüten: Sie werden vom süßen, klebrigen Nektar angelockt, den die männlichen Blüten ausscheiden. Wenn die Bienen dann auf den weiblichen Kätzchen umherkrabbeln, verteilen sie so den Blütenstaub, mit dem sie bei ihrem Besuch auf den männlichen Blüten eingepudert wurden, auf die Narben der weiblichen Blüten. Für Bienen und Hummeln sind der Nektar und der Blütenstaub der Salweide eine wichtige Nahrungsquelle, denn so früh im Jahr blühen noch nicht viele Pflanzen.

Schau genau hin ...

Wenn du eine Weide pflanzen möchtest, musst du einfach einen Zweig abschneiden und ihn tief in die feuchte Erde stecken. Aus vielen Weidenzweigen kannst du übrigens eine richtige Höhle bauen: Steck dazu die Zweige kreisförmig dicht nebeneinander in den Boden und verflicht sie miteinander. So entsteht eine Kuppel. Vergiss nicht eine Aussparung im Kreis als Eingang. Anfangs kannst du eine Decke über die Kuppel werfen. Wenn dann die Zweige Blätter treiben, hast du eine schattige Höhle.

Die Stieleiche

Früher glaubten die Menschen bei uns, dass in Eichen der Donnergott Thor (Donar) wohnte. Sie glaubten, dass Blitz und Donner Zeichen für die Gegenwart des Gottes wären. Für sie waren Eichen heilig. Vielleicht kannst du diesen Glauben verstehen, wenn du dir einmal alte Eichen anschaust: Sie können bis zu 50 m hoch werden und haben mächtige Stämme und ihre Kronen sind meist eigenwillig geformt.

Steckbrief

- Höhe: 40–50 m hoch
- Blütezeit: April bis Mai
- Auffällige Merkmale: typische Blätter; im Herbst Eicheln in Bechern mit langen Stielen
- Wissenswertes: sehr lange haltbares, wertvolles Holz für Weinfässer, Balken, Truhen und Möbel; die zweite heimische Eiche ist die Trauben-Eiche, bei der die Eicheln an kurzen Stielen sitzen

Die Eiche liefert vielen Tieren Nahrung

Einige Tiere ernähren sich von Eicheln und Eichenblättern und sind nach der Eiche benannt: Eichelhäher, Eichhörnchen, Eichenbock (ein Käfer) und Eichenspinner (ein Schmetterling). Im Sommer findest du auf den Unterseiten der Blätter große grüne oder rote Kugeln. Das sind Gallen. Sie stammen von der Eichengallwespe. Das Weibchen legt ihre Eier in die Blätter. Daraufhin wuchert das Blatt an dieser Stelle und umschließt schließlich das Ei und später die Larve. Sie entwickelt sich in der Galle. Schneide einmal eine solche Galle auf – du findest darin eine weiße Larve.

Schau genau hin …

Eichen wachsen sehr langsam und können 800–1.000 Jahre alt werden. Mit 20 Jahren ist die Eiche 2 m hoch und hat einen daumendicken Stamm. Erst nach 60–80 Jahren blüht sie und bildet Eicheln. Wie alt ein Baum ist, kannst du an seinem Baumstumpf sehen. Auf dem Stamm erkennst du dünne braune Ringe. Das sind Jahresringe. Jedes Jahr kommt ein weiterer Ring dazu. Wenn du die Ringe von der Mitte aus zählst, weißt du, wie alt der Baum ist. Am besten markierst du jeden 10. Ring mit einer Stecknadel – das entspricht 10 Jahren.

Die Rotbuche

Steckbrief

- Höhe: 10–45 m hoch
- Blütezeit: April bis Mai
- Auffällige Merkmale: glatte, silbrige Rinde; ovale Blätter mit welligem Rand; dreieckige Bucheckern in stacheliger Hülle
- Wissenswertes: verdankt ihren Namen dem rötlichen Holz; Laub verfärbt sich im Herbst rotbraun

In den Wäldern Mitteleuropas ist die Buche der am weitesten verbreitete Baum. In niedrigen Lagen bilden Buchen oft gemeinsam mit Eichen einen Eichen-Buchen-Mischwald. Geh einmal Anfang Mai durch einen solchen Mischwald. In diesem Monat entfalten Buchen ihre zarten, oval geformten Frühlingsblätter. Wenn du ganz vorsichtig und leicht über ein hellgrünes Buchenblatt streichst, kannst du seine langen, seidigen Härchen fühlen.

Sommer im Buchenwald

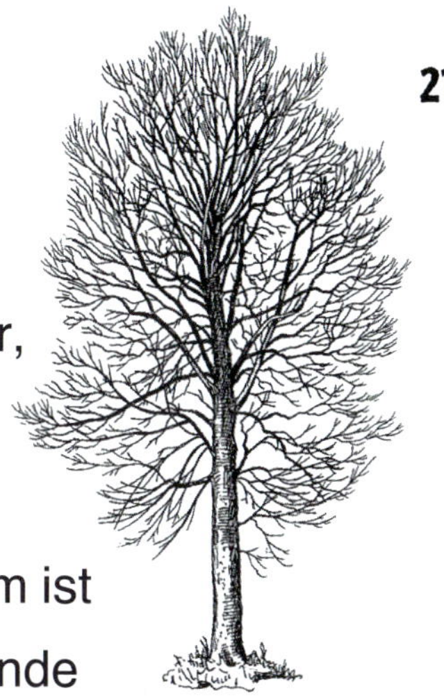

Wenn du im Sommer durch einen Buchenwald gehst, schau einmal hoch in die Krone eines Baums. Die Äste der Buche sind fächerartig verzweigt und wachsen so dicht übereinander, dass nur sehr wenig Licht durch das Blätterdach auf den Boden fällt. Dieser Schatten schützt den Stamm vor starker Sonneneinstrahlung und Überhitzung, denn der Buchenstamm ist nicht wie die Stämme anderer Baumarten von einer dicken Rinde umgeben. Unter den Buchen ist es nun für andere Pflanzen zu dunkel. Deshalb blühen hier Windröschen, Veilchen, Himmelsschlüssel und Leberblümchen nur ganz früh im Jahr, solange die Buchen noch ohne Blätter dastehen.

Schau genau hin ...

Ab September kannst du die Früchte der Buche finden, die bekannten Bucheckern. Eichhörnchen und Eichelhäher, Berg- und Buchfinken, Ringeltauben, Rehe und Hirsche verzehren sie gern. Menschen verspeisten sie in Notzeiten. Weil Bucheckern viel Oxalsäure enthalten, kann dir leicht übel werden, wenn du zu viele isst. Nur alle paar Jahre gibt es massenhaft Bucheckern – meist dann, wenn es im Jahr zuvor einen besonders trockenen und heißen Sommer gegeben hat. Aus den holzigen Hüllen der Bucheckern kannst du allerlei basteln.

Die Weißbirke

Die Birke braucht viel Licht. Sie wächst besonders häufig an Waldrändern und in Heide- und Moorlandschaften, wo sie viel Sonne bekommt. Häufig gehört die Birke zusammen mit der Salweide zu den ersten Bäumen, die gerodete Flächen besiedeln. Manchmal findet man sogar kleine Birken, die in Mauerspalten oder Dachrinnen wachsen – ihre leichten Samen fliegen überallhin.

Steckbrief

- Höhe: 10–25 m hoch
- Blütezeit: März bis Mai
- Auffällige Merkmale: weiße Rinde mit schwarzen Flecken; dreieckig zugespitzte, leicht klebrige Blätter; im Frühjahr lange, herabhängende Kätzchen
- Wissenswertes: wird wegen ihrer herabhängenden Zweigenden auch Hänge-Birke genannt; erträgt gut eisige Winter; wächst auch auf feuchten Böden

Warum haben alle Pflanzen grüne Blätter?

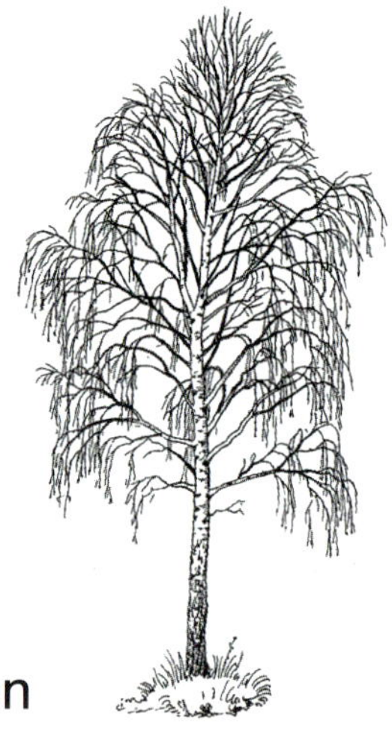

Die grüne Farbe der Blätter und anderer Pflanzenteile kommt vom Blattgrün. Biologen nennen es Chlorophyll. Mit dem Blattgrün stellen die Pflanzen aus Wasser, Kohlendioxid (Bestandteil der Luft) und Sonnenlicht Zuckerverbindungen (= Nährstoffe) her. Dieser Vorgang heißt Fotosynthese. Dabei wird Sauerstoff gebildet, den die Pflanzen an die Luft abgeben. Den Sauerstoff brauchen wir zum Atmen. Die Pflanzen speichern die selbst hergestellten Zuckerverbindungen als Vorrat, verwenden sie zum Wachsen und beziehen daraus die Energie für ihre Lebensvorgänge.

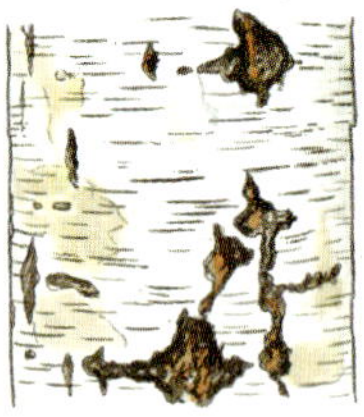

Schau genau hin …

Die Birke gilt als Baum des Frühlings. Der Maibaum ist oft eine Birke; ihre Zweige liefern das schmückende Grün für Maifeste, Prozessionen und Schützenumzüge. Im Mai geht auch die Blütezeit der Birke zu Ende, worüber sich die Menschen, die gegen den Blütenstaub der Birken allergisch sind, freuen. Denn jedes männliche Blütenkätzchen entlässt im Frühling etwa 5 Millionen Blütenstaubteilchen, die den Heuschnupfen auslösen.

Der Apfelbaum

Steckbrief

- Höhe: 3–5 m, manche auch bis zu 10 m hoch
- Blütezeit: Mai bis Juni
- Auffällige Merkmale: Obstbaum; runde Baumkrone; weiße, außen rötliche Blüten mit 5 Blütenblättern
- Wissenswertes: Alte, verwilderte Apfelbäume tragen nur kleine Früchte, die den wilden Holzäpfeln ähneln

Im Frühjahr sind Apfelbäume besonders schön: Dann sind ihre Kronen mit weißen Blüten übersät, die von unzähligen Bienen besucht werden. Seit mindestens 6.000 Jahren essen die Menschen Äpfel. Damals, in der jüngeren Steinzeit, waren das noch die wilden Holzäpfel. Sie schmeckten sauer, waren nur 3–5 cm groß und sahen wie Puppenäpfel aus. Heute findest du diesen Wildapfel noch in Hecken und Gebüsch.

Vom Wildapfel zum Kulturapfel

Unsere heutigen Kulturäpfel stammen vom wilden Holzapfel ab. Wir kennen heute über 1.000 verschiedene Sorten von Kulturäpfeln – und ständig kommen neue hinzu. Alte Apfelsorten, die die Menschen schon vor 100 und mehr Jahren kannten, findest du am häufigsten noch auf den Streuobstwiesen entlang der Wald- und Dorfränder. Biologen kämpfen dafür, dass diese Streuobstwiesen erhalten bleiben. Denn in den großen Obstbäumen nisten viele Vögel und auf den Wiesen unter den Bäumen leben unzählige Insekten.

Schau genau hin ...

Schau dir am Obststand auf dem Markt einmal die vielen verschiedenen Äpfel an: Es gibt große und kleine, gelbe, rote und grüne, süße, saure, mehlige und viele andere. Nimm einen Apfel und schneide ihn auf. Innen siehst du das Kerngehäuse mit den braunen Apfelkernen. Es sind fünf Kerne – schneide auch einen solchen Kern auf.

Die Eberesche

Die Eberesche heißt auch Vogelbeerbaum, denn viele Vögel, darunter Amseln und Drosseln, fressen gern ihre roten Früchte. Vögel sorgen dafür, dass Ebereschen an neuen Stellen wachsen: Die kleinen Samen in den Früchten sind unverdaulich und werden mit dem Vogelkot ausgeschieden. Wenn du eine kleine Eberesche an einem ungewöhnlichen Ort wie einer Dachrinne findest, weißt du, wie der Samen dahin kam.

Steckbrief

- Höhe: 3–15 m hoch
- Blütezeit: Mai bis Juni
- Auffällige Merkmale: Blätter aus vielen Teilblättchen; große, weiße Schirmblüten, ab August korallenrote Früchte
- Wissenswertes: Zerriebene junge Blätter riechen nach Marzipan; Früchte bleiben den ganzen Winter am Baum und sind wichtiges Winterfutter für Vögel und kleine Säugetiere

Ebereschen sind anspruchslos

Die flachen und weitläufigen Wurzeln der Eberesche finden fast in jedem Boden Nahrung und Halt. Ebereschen wachsen oft am Waldrand. Sie werden aber auch häufig in Gärten und Parkanlagen sowie entlang dicht befahrener Straßen gepflanzt, weil ihnen die giftigen Abgase weniger schaden als anderen Bäumen.

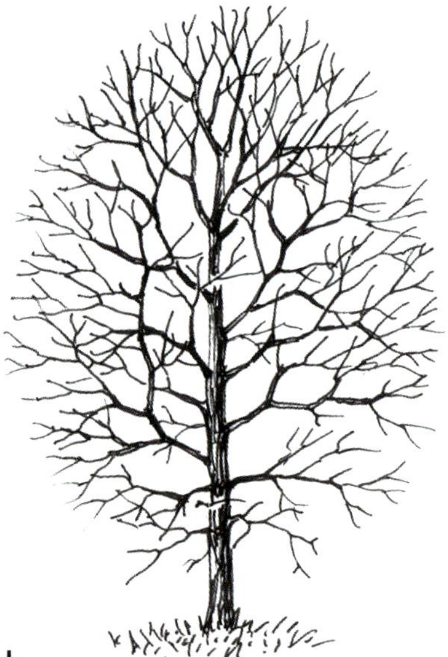

Schau genau hin …

Vogelbeeren sind für den Menschen nicht giftig, aber sie schmecken sehr bitter. Wenn du viele rohe Früchte isst, bekommst du Bauchschmerzen. Kochst du die Früchte, wird die Übelkeit verursachende Parasorbinsäure zerstört. Marmelade und Gelee aus Ebereschen sind sogar sehr gesund, weil sie viel Vitamin C enthalten. Die Früchte sammelst du am besten nach dem ersten Frost. Es gibt inzwischen auch Zuchtformen – zum Beispiel die Edel-Ebereschen –, deren Früchte nicht bitter schmecken.

Die Linde

Steckbrief

- Höhe: 15–25 m hoch
- Blütezeit: Juni bis Juli
- Auffällige Merkmale: herzförmige Blätter; gelbweiße, stark duftende Blüten; kleine kugelige Früchte
- Wissenswertes: wird über 1.000 Jahre alt; blühen erstmals im Alter von 20 Jahren; bei uns 2 ähnliche Arten: die Winterlinde und die Sommerlinde

In vielen Dörfern und Ortschaften stand früher mitten auf dem Dorfplatz eine alte Linde. Ihr Stamm war mächtig; schützend breitete sie ihre gewaltige Krone über dem Platz aus. Hier trafen sich die Menschen zum kleinen Plausch am Abend, zum Feiern und Tanzen. Und hier berieten sich die Dorfältesten. Von den alten Dorflinden sind nur sehr wenige übrig geblieben, denn sie vertragen keine Autoabgase.

Das Holz der Linden ist weich und leicht

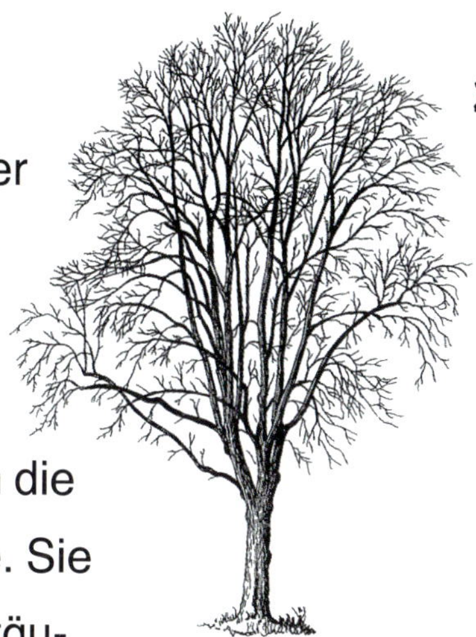

Lindenholz eignet sich nicht als Bau- oder Brennholz, aber es dient als Material für feine Schnitzarbeiten. Bedeutende Holzschnitzmeister des Mittelalters wie Tilman Riemenschneider oder Veit Stoß schnitzten daraus wunderschöne Madonnenfiguren. Schau sie dir einmal an. Wenn die Linde blüht, fliegen summende Bienen von Blüte zu Blüte. Sie werden vom süßen, duftenden Nektar angelockt und bestäuben dabei die Blüten. Du kannst Lindenblüten sammeln, denn sie ergeben einen duftenden Wintertee, der Erkältungen, Schnupfen und Husten lindert.

Schau genau hin …

Feier einmal mit deinen Freunden – am besten im Frühsommer – einen „Tag der Linde“. Sucht dazu eine schöne alte Linde. Schätzt ihre Höhe und ihr Alter. Könnt ihr euch vorstellen, dass sich ihre Wurzeln unter der Erde mindestens so weit ausbreiten wie ihre Krone in der Luft? Betrachtet die Blätter mit einer Lupe. Bannt mit Wachsstiften den netzförmig aufgerissenen Rindenabdruck auf ein Blatt Papier. Umfasst den Baumstamm mit euren Armen, damit ihr einen Eindruck von seiner Dicke bekommt. Malt schließlich ein Bild vom ganzen Baum mit Stamm und Krone.

Die Platane

Sicher kennst du auch in deiner Nähe einen Baum, von dem im Herbst stachelige, tischtennisballgroße Kugeln an langen Stielen herabhängen. Das ist eine Platane. Im Frühjahr und im Sommer kannst du sie leicht mit einem Ahorn verwechseln, denn ihre Blätter sehen so ähnlich aus. Ab September erscheinen dann die typischen Fruchtkugeln, die zunächst grün, dann braun sind. Zerteil einmal eine solche Kugel. Sie enthält viele kleine Samen.

Steckbrief

- Höhe: 10–30 m hoch
- Blütezeit: Mai
- Auffällige Merkmale: ahornähnliche Blätter; kleine, gelbe oder rote Blütenkugeln; ab September kugelige Früchte an langen Stielen
- Wissenswertes: wächst schnell und kann jährlich über 50 cm höher werden

Die Platane wuchs bei uns nicht immer

Sie entstand vor knapp 400 Jahren in Südeuropa aus zwei verschiedenen Platanenarten: der Morgenländischen und der Amerikanischen Platane. Schon bald wurden Platanen in ganz Europa gepflanzt. Heute wachsen sie in fast allen europäischen Städten. Sie gedeihen auch in der schlechten Stadtluft. Du findest sie auf Plätzen und Schulhöfen, in Parks und Anlagen und am Straßenrand. Manchmal sieht man Platanen, die schon im Sommer braune Blätter haben. Das ist ein Zeichen dafür, dass diese Bäume von einem Pilz befallen sind. Die meisten von ihnen werden mit der Zeit absterben.

Schau genau hin …

Woran kann man eine Platane im Winter, wenn die Bäume keine Blätter tragen, von anderen Baumarten unterscheiden? Das ist schwieriger als im Sommer, aber nicht unmöglich.
Du kannst die einzelnen Baumarten an ihrer Wuchsform erkennen. Die Platane hat zum Beispiel eine breite, kugelige Krone und die unteren Zweige hängen herab. Außerdem kannst du die Baumarten an ihrer Rinde unterscheiden. Schau dir dazu einmal die Rinden verschiedener Bäume an – die graubraune Rinde der Platane ist bunt gescheckt und blättert ab.

Der Bergahorn

Steckbrief

- Höhe: 30–40 m hoch
- Blütezeit: April bis Mai
- Auffällige Merkmale: typische Blätter mit 5 Lappen; grünliche, hängende Blüten; im Herbst die typischen Flügelfrüchte
- Wissenswertes: die größte heimische Ahornart; wird bis zu 600 Jahre alt

Der Bergahorn gedeiht am besten in kalter, feuchter Luft. Er wächst in Buchenwäldern, an Gebirgsbächen und in Gebirgstälern. Weil sein Holz auffallend weiß ist, wird er auch Weißbaum genannt. Aus seinem Holz werden Blas- und Streichinstrumente gebaut: Flöten, Geigen, Cellos, Gitarren, Lauten und Zithern. Neben dem Bergahorn wachsen bei uns in der freien Natur noch zwei weitere Ahornarten: der Spitzahorn und der Feldahorn.

Der Ahorn ist sehr saftreich

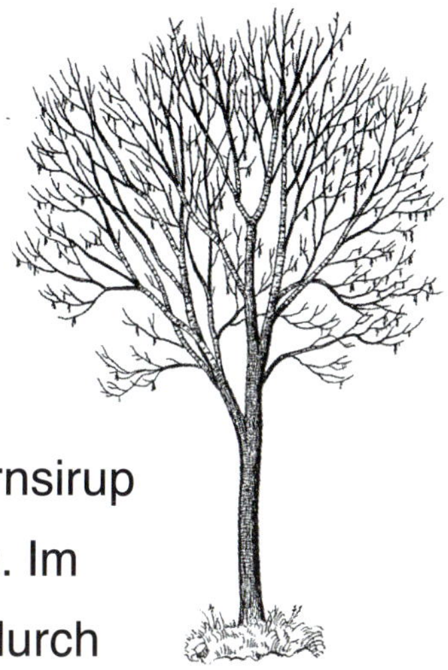

Reißt du ein Ahornblatt ab, so fließt aus dem Stiel eine milchartige Flüssigkeit. Früher verarbeiteten die Menschen diesen Saft zu Sirup, Zucker und Essig. Heute wird meist der kanadische Zucker-Ahorn angezapft, um den bekannten Ahornsirup zu gewinnen. Du kannst Ahornsirup auch bei uns kaufen. Probier ihn einmal zu Pfannkuchen. Im Herbst schrauben sich die geflügelten Samen langsam durch die Luft zu Boden. Sie sehen wie ein Propeller aus und bestehen aus zwei Samen, die aneinander kleben. Trennst du sie, kannst du dir den Samen auf die Nase kleben – und wirst zum Nashorn.

Schau genau hin …

Blätter sind die schönsten Druckvorlagen, die es gibt. Ahornblätter eignen sich besonders. Mal ein Blatt vorsichtig mit Wasserfarbe oder Druckerschwärze aus dem Linoldruckkasten an und leg es zwischen zwei Blätter Papier. Nun taste vorsichtig mit den Fingern an den Umrissen des Blattes entlang, folge den Adern und Konturen – so wird das Blatt auf das Papier gedruckt. Wem das zu kompliziert erscheint, der kann im Herbst die bunten Ahornblätter sammeln und damit ein schönes Herbstbild kleben.

Die Rosskastanie

Im Herbst kannst du durch hohe Berge von raschelndem Laub laufen und Kastanien sammeln. Versuch auch einmal Kastanien zu finden, die noch in ihren grünen, stacheligen Schalen sitzen. Heb sie vorsichtig auf und versuch, die Kastanien zu befreien. In den Schalen sitzen 1–3 glänzend braune Kastanien – das sind die Samen. Wildtiere fressen sie gern, für uns Menschen sind sie aber ungenießbar.

Steckbrief

- Höhe: 10–25 m hoch
- Blütezeit: Mai bis Juni
- Auffällige Merkmale: handförmige Blätter; riesige, weiße oder rosa Blütenkerzen; stachelige Frucht mit glänzend braunen Kastanien
- Wissenswertes: wird in Städten und Parks gepflanzt; stammt aus dem südlichen Balkan und ist mittlerweile in ganz Europa verbreitet

Der Baum mit den riesigen Blütenkerzen

Im Frühjahr treiben – gleichzeitig mit den Blättern – die bis zu 30 cm hohen Blütenkerzen aus. Sie bestehen aus vielen Blüten. Jede Einzelblüte hat einen bunten Fleck, den Biologen Saftmal nennen. Junge Blüten voller Nektar locken mit gelben Flecken Bienen und Hummeln zum Bestäuben an. Sind die Blüten bestäubt, wird kein Nektar mehr gebildet und die Flecken färben sich rot. Da Bienen kein Rot sehen können, fliegen sie nun diese Blüten nicht mehr an und besuchen nur noch die mit gelben Flecken.

Schau genau hin ...

Die größten und schönsten Rosskastanienbäume stehen in Schlossgärten und Alleen. Zur Zeit des Sonnenkönigs Ludwig XIV., der vor rund 300 Jahren lebte, waren Rosskastanien groß in Mode. In ganz Europa ließen viele Adlige diese Bäume rund um ihre Schlösser pflanzen. Heute sind Rosskastanien beliebte Bäume für Biergärten, denn sie spenden Schatten. Hier kannst du im Herbst Kastanien sammeln.

Die Heckenrose

Steckbrief

- Höhe: 1–3 m hoch
- Blütezeit: Mai bis Juli
- Auffällige Merkmale: Strauch; sehr stachelige Zweige; weiße, rosa oder rote große, duftende Blüten; im Herbst rote Hagebutten
- Wissenswertes: Wildrose; wächst wild an sonnigen Weg- und Waldrändern; wird häufig an Straßenrändern und in Parks gepflanzt

Die meisten Menschen lieben Rosen. Sie pflanzen sie in ihren Gärten und erfreuen sich an den weißen, gelben, rosa, roten und blauen Rosenblüten. Diese Gartenrosen entstanden durch Züchtungen aus orientalischen Duftrosen und heimischen Wildrosen. In der freien Natur wachsen bei uns wilde Heckenrosen mit großen, einfachen Blüten, gelben Staubgefäßen, eiförmigen Blättern und stacheligen Zweigen.

Rosen haben Stacheln, keine Dornen

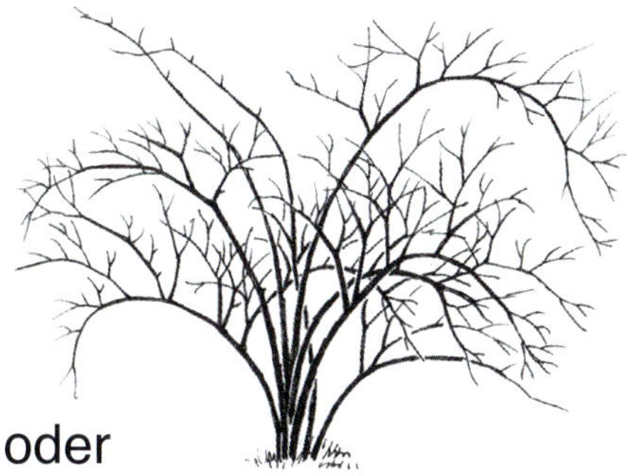

Biologen erklären den Unterschied so: Stacheln kann man – wie bei Rosen – leicht von den Zweigen ablösen, Dornen nicht, denn sie sind holzige Triebe. Im Herbst zieren rote ovale oder runde Hagebutten die Wildrosensträucher. Hagebutten sind die Früchte der Rosen. Öffnest du eine Hagebutte, findest du in der behaarten Schale viele kleine Kerne. Vögel verzehren sie gern. Wir machen aus den Hagebutten, die viel Vitamin C enthalten, Tee, Marmelade und Mus.

Schau genau hin …

Aus den roten Hagebutten kannst du wunderschöne bunte Halsketten und Armbänder basteln. Am besten wirkt es, wenn du die Hagebutten mit anderen Samen und Beeren kombinierst, zum Beispiel mit trockenen Maiskörnern, Bucheckern, Eicheln, Kastanien oder Bohnenkernen.
Nun brauchst du nur noch Nadel und Faden (Zwirn). Falls dir das Durchbohren der Samen und Früchte schwer fällt, lass dir helfen.

Der Weißdorn

Steckbrief

- Höhe: 2–10 m hoch
- Blütezeit: Mai bis Juni
- Auffällige Merkmale: dorniger, stark verzweigter Strauch; weiße Blüten; ab September rote Früchte
- Wissenswertes: wichtiger Heckenstrauch; wächst wild an Waldrändern und in Hecken

Im Frühjahr leuchtet der Weißdorn. Dann sind seine dornigen Zweige über und über mit weißen Blüten besetzt. Riech einmal daran, sie verbreiten einen unangenehm süßlichen Geruch. Früher pflanzten Bauern häufig Weißdornhecken um ihre Felder und ihre Weiden, die die Weidetiere und Feldfrüchte vor unerwünschten Wildtieren schützen sollten. Der Weißdorn kann die Wuchsform eines Baumes oder eines Strauches haben.

Reiches Tierleben im Weißdorn

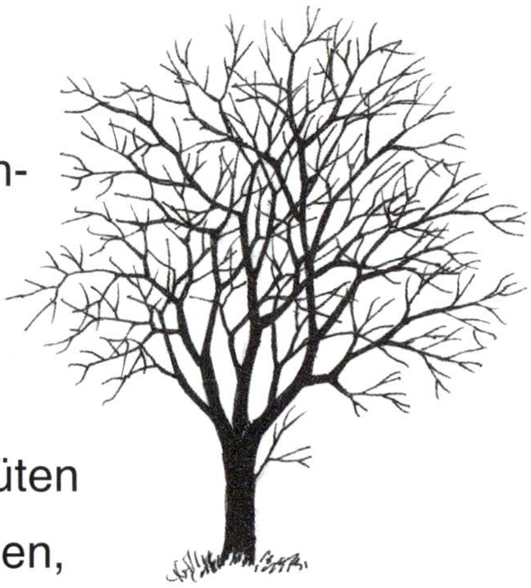

Der Weißdorn ist für viele heimische Tierarten ein wichtiger Strauch. In seinem undurchdringlichen Geäst brüten unzählige Kleinvögel, weil sie hier gut vor Raubvögeln geschützt sind. Biologen bezeichnen den Weißdorn deshalb als Vogelschutzgehölz. Auf den Blüten kannst du verschiedene Bockkäfer, Rüsselkäfer, Fliegen, Wildbienen und Schmetterlinge beobachten. Sie sammeln Pollen und Nektar und bestäuben dabei die Blüten. Von den Blättern ernähren sich die Raupen einiger Schmetterlingsarten. Und im Herbst stehen für Vögel, Mäuse und Hasen die roten Weißdornfrüchte auf dem Speiseplan.

Schau genau hin ...

Wenn du einen Weißdornzweig anfasst, musst du gut aufpassen. Denn seine bis zu 3 cm langen Dornen sind spitz und hart. Du kannst sie nicht einfach mit deinen Fingernägeln abkneifen wie zum Beispiel die Stacheln einer Rose. Dornen sind – wie Zweige und Äste – holzige Triebe, die kurz bleiben und nicht zu langen Zweigen wachsen. Übrigens sind die roten Früchte keine Beeren, sondern kleine Apfelfrüchte. Schneid einmal eine Frucht auf.

Der Holunder

Steckbrief

- Höhe: 2–7 m hoch
- Blütezeit: Juni bis Juli
- Auffällige Merkmale: Strauch; weiße, kleine Blüten in flachen Scheiben; erst grüne, dann schwarze Früchte
- Wissenswertes: heißt auch Holler oder Holder; wächst meist in der Nähe von menschlichen Siedlungen

Eine Göttin gab dem Holunder seinen Namen: Holda. Vor langer Zeit, vor Christi Geburt, glaubten die Menschen, dass die Göttin Holda im Winter über die Erde zieht, um ihr Fruchtbarkeit und neues Leben zu schenken. Wind und Schnee begleiteten Holda dabei. Die Brüder Grimm haben das Märchen dieser milden und freundlichen Baumgöttin aufgeschrieben: „Frau Holle". Aus den weißen Schneeflocken wurden im Märchen die weißen Federn.

Leckeres vom Holunder

Aus den duftenden frischen Blüten kannst du Holundermilch, Holunderküchle und Holunderlimonade herstellen. Getrocknet ergeben sie einen leckeren Tee, der alle Erkältungskrankheiten heilt. Die Früchte lassen sich zu vitaminreichem Saft, Mus, Wein und Marmelade verarbeiten. Auch in einem Kuchen schmecken sie lecker. Heißer Beerensaft hilft dabei, eine Erkältung zu vertreiben. Du darfst die Früchte aber nicht roh essen, denn sie verursachen Übelkeit und Erbrechen. In den kleinen Kernen sind nämlich Giftstoffe, die erst beim Kochen zerstört werden.

Schau genau hin ...

Wenn du Holunderblüten-Limonade selbst machen möchtest, füllst du einen Glaskrug mit den Blüten und legst einige Scheiben einer unbehandelten Zitrone dazwischen. Dann füllst du Wasser ein, bis alle Blüten bedeckt sind. Deck den Krug zu und lass ihn einen Tag stehen. Nun seihst du die Limonade ab und süßt sie mit Honig.

Schau genau hin ...

Der Herbst ist eine wunderbare Zeit, um bunte Blätter und Früchte zu sammeln. Damit kannst du schöne Bilder kleben. Mit den roten Früchten von Weißdorn und Ebereschen kombiniert mit Hagebutten und roten Blättern kannst du ein schönes Bild in Rottönen kleben. Du kannst Beeren, Rinde, Blätter und Kräuter in derselben Farbe sammeln. Eine Farbpalette von Grün über Gelb, Orange bis Rot und Braun kannst du aus verschiedenen Blättern legen. Vielleicht findest du ja Ahornblätter in genau diesen Farben unter einem Baum. Sicher fällt dir noch viel mehr ein.

Warum werden im Herbst die Blätter bunt?

Jedes Jahr im Herbst verfärben sich die Blätter der Bäume und werden leuchtend bunt. Birken leuchten gelb, Buchen strahlen in Rostrot bis Gelb. Ebereschen und Ahorn tragen Flammenrot. Die bunten Herbstblätter locken keine Insekten an wie die bunten Blüten. Wozu dient also das herbstliche Farbenspiel? Die bunte Farbe der Blätter entsteht dadurch, dass – bevor sie abfallen – alle nutzbaren Stoffe aus den Blättern zurück in den Stamm geleitet werden. Der Stamm speichert diese Stoffe über den Winter und leitet sie im Frühjahr in die neuen, grünen Blätter. Zu diesen verwertbaren Stoffen gehört auch das Blattgrün. Ist das Blattgrün aus den Blättern verschwunden, kommen die roten, gelben und orangefarbenen Substanzen zum Vorschein, die den ganzen Sommer über vom grünen Blattgrün überdeckt waren. Im Herbst entstehen also keine neuen Farben in den Blättern. Es gibt aller-

Warum werfen die Bäume ihre Blätter ab?

dings eine Ausnahme: In den Eichenblättern wandeln sich im Herbst Gerbstoffe zu braunen Stoffen um.

Warum werfen die Bäume im Herbst ihre Blätter ab?

Bald nachdem sich die Blätter verfärbt haben, fallen sie ab. Biologen nennen das Laubfall. Eine ausgewachsene Buche wirft jedes Jahr im Herbst ungefähr 200.000 Blätter ab und baut im kommenden Frühjahr die gleiche Menge an Blättern wieder auf. Wozu? Mit dem Laubfall trifft ein Baum Vorsorge für den kommenden Winter. Würde er alle lebenden Blätter an den Zweigen behalten, müsste er ganz einfach verdursten. Denn über die Laubblätter verdunstet viel Wasser – täglich bis zu 600 Liter an einem Baum. Schon im kühlen Herbstboden fällt es den Wurzeln schwer, ausreichend Wasser aufzusaugen. Ist der Boden dann im Winter gefroren, können seine Wurzeln gar kein Wasser mehr aufnehmen. Hätte der Baum jetzt noch seine Blätter, würde er rasch verdursten. Außerdem bleibt auf belaubten Zweigen viel mehr Schnee liegen als auf unbelaubten. Durch den Laubfall vermeidet der Baum tonnenschwere Schneelasten, die seine Zweige nicht tragen könnten.

Alle Blütenpflanzen sind gleich aufgebaut: Sie bestehen aus Wurzel, Stängel, Blättern und Blüten. Die Wurzel verankert die Pflanze im Boden und entzieht der Erde Wasser und Nährstoffe, die dann durch den Stängel in die Blätter geleitet werden. Die Blätter stellen mit Hilfe von Blattgrün Zuckerverbindungen her. Dies nennt man Fotosynthese (siehe auch Seite 22). Die Blüten sind für die Fortpflanzung einer Pflanze wichtig.

Was ist eine Blume?

Staubblätter und Stempel

Normalerweise enthalten Blüten männliche und weibliche Bestandteile. Die männlichen Fortpflanzungsorgane heißen Staubblätter; die weiblichen Teile Narbe, Griffel und Fruchtknoten werden auch als Stempel zusammengefasst. Mit bunten Farben, verführerischen Düften und süßem Nektar locken die Blumen bestäubende Insekten an.

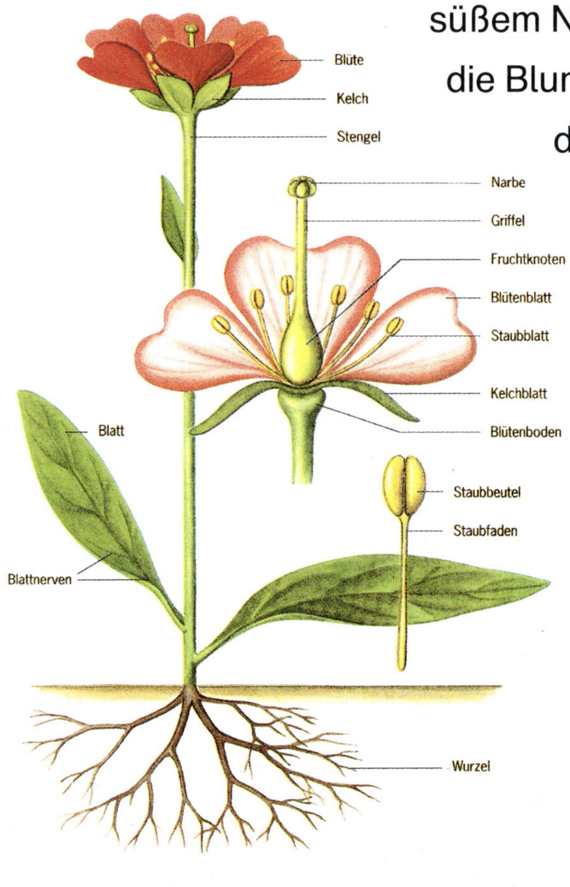

Daran erkennst du eindeutig eine Blume

- Alle Blumen haben Blüten
- Alle Blumen bestehen aus Wurzeln, Stängeln, Blättern und Blüten
- Blumen verholzen nicht, nur die Samen und unterirdischen Speicherorgane überdauern den Winter

Fortpflanzung

Sucht eine Biene in einer Blüte nach Nahrung (Nektar), bleibt dabei Blütenstaub (Pollen) an ihrem Körper hängen. Fliegt sie dann zu anderen Blüten derselben Pflanzenart, streift sie Pollen auf deren Narbe ab. Dies ist die Bestäubung. Dringen die männlichen Pollen in die weiblichen Fruchtknoten ein, kommt es zur Befruchtung. Im Innern des Fruchtknotens wachsen dann Samen heran. Wenn die Samen reif sind, werden sie vom Wind oder Tieren in alle Richtungen getragen. Landen sie an einem günstigen Platz, entwickelt sich im nächsten Frühling eine neue Pflanze daraus.

Das Buschwindröschen

Wenn im März auf Wiesen und Feldern noch Winter ist, beginnt im Laubwald schon der Frühling. Unter den Bäumen breiten sich Buschwindröschen aus – wie ein grüner, mit weißen Blütensternen übersäter Teppich. Sie blühen schon jetzt, weil zu dieser Jahreszeit noch genügend Licht durch die blattlosen Bäume auf den Waldboden fällt. Man nennt das Buschwindröschen auch Frühblüher.

Steckbrief

- Höhe: 15–25 cm hoch
- Blütezeit: März bis April
- Auffällige Merkmale: pro Stängel eine weiße, 2–4 cm große Blüte mit 6–8 Blütenblättern; handförmig geteilte Blütenblätter
- Wissenswertes: wächst in Laubwäldern, unter Hecken und an Waldrändern; enthält Gifte, die bei empfindlichen Menschen zu Hautrötungen führen
- **Giftig**

Die Blüten sind nicht immer geöffnet

Bei kaltem Wetter, bei Regen und in der Nacht schließen sich die Blüten des Buschwindröschens und schützen den reichlich vorhandenen Blütenstaub. Damit er trocken bleibt, senken sich auch die Blütenköpfchen. Erst wenn die Sonne wieder scheint, richten sich die Blüten des Buschwindröschens auf. Achte bei deinem nächsten Waldspaziergang im Frühjahr mal darauf. Wenn die Bäume im Mai ihre Blätter austreiben, verwelkt das Buschwindröschen. Dann kannst du keine Blüten und Blätter mehr über der Erde sehen. Sie haben sich in den bleistiftdicken Wurzelstock unter die Erde zurückgezogen. In ihm werden die Nährstoffe für das nächste Frühjahr gespeichert.

Schau genau hin ...

Pflück einmal ein blühendes Buschwindröschen. Unterhalb der Blüte kannst du sehen, wie drei Blätter an einer Stelle ansetzen. Diese Blätter haben die Blütenknospe vor dem Aufblühen umhüllt und geschützt. Wenn du ein Buschwindröschen angefasst hast, musst du danach deine Hände gut waschen. Im Juni reifen die behaarten Samen, die von Ameisen weggetragen werden.

Der Weißklee

Steckbrief

- Höhe: 20–40 cm hoch
- Blütezeit: Mai bis August
- Auffällige Merkmale: typisches dreiblättriges Kleeblatt; kugelige, weiße Blütenköpfchen an langen Stielen
- Wissenswertes: häufig angebaute Futterpflanze, die eiweißreiches Viehfutter liefert und den Boden verbessert

Wenn du das nächste Mal im Sommer auf dem Rasen spielst, achte einmal auf die hellen Tupfen im Gras. Das sind die kugeligen, weißen Blütenköpfchen des Weißklees. Riech einmal daran. Die weißen Blüten duften angenehm süß. Der Weißklee breitet sich wie kleine Teppiche im Rasen aus und er ist äußerst unempfindlich. Selbst ein wildes Fußballspiel übersteht der Weißklee ohne Schaden.

Viele Blüten bilden ein Blütenköpfchen

Jedes Blütenköpfchen besteht aus rund 60 kleinen Einzelblüten, die wie kleine weiße Röhren aussehen. Biologen nennen sie deshalb Röhrenblüten. Tief im Innern jeder Röhrenblüte sitzen die Staubblätter mit dem Blütenstaub und die klebrige Narbe. Hummeln und Bienen sind eifrige Besucher der Kleeblüten. Sie zwängen ihren Rüssel in die enge Blütenröhre, um an den Nektar am Grund der Blüte zu gelangen. Dabei bestäuben sie die Blüte. Beobachte einmal die Kleeblätter: Tagsüber stehen sie aufrecht, in der Nacht sind sie zusammengefaltet. Vielleicht findest du ja sogar ein vierblättriges Kleeblatt. Vierblättrige Kleeblätter sind sehr selten. Man sagt, sie bringen Glück! Übrigens: Kaninchen fressen gern Klee.

Schau genau hin …

An dem Blütenköpfchen des Weißklees kannst du leicht erkennen, welche Blüten schon bestäubt sind und welche noch nicht. Zunächst blühen die untersten Einzelblüten. Sind sie bestäubt, so knicken sie nach unten ab und verwelken. Dabei werden sie braun. Nun blühen weiter oben sitzende Einzelblüten, die nach dem Bestäuben ebenfalls verwelken. Nach und nach blühen so alle Einzelblüten im Blütenköpfchen von unten nach oben auf. Das weiße Blütenköpfchen bekommt einen Kragen aus braunen verwelkten Blüten, der immer größer wird. In den verwelkten Blütenhüllen reift der Samen heran.

Die Wilde Möhre

Nicht nur die Wilde Möhre hat eine große, schirmförmige Blüte. Auch viele andere Pflanzen wie Wilder Kerbel, Giersch, Große Bibernelle und Wiesen-Kümmel, die auf Wiesen und am Wegrand wachsen, haben solche weißen Schirmblüten. Auf den ersten Blick sehen sie alle gleich aus. Biologen erkennen die verschiedenen Arten dieser Doldengewächse an der Blatt- und Stängelform und am Aufbau der Doldenblüte (= Schirmblüte).

Steckbrief

- Höhe: 30–90 cm hoch
- Blütezeit: Mai bis Juli
- Auffällige Merkmale: winzige, weiße Blüten in einer großen Scheibe; dunkle Einzelblüte in der Mitte; rübenförmige Wurzel
- Wissenswertes: Wenn die Samen reif werden, zieht sich die ganze Blütendolde wie eine Vogelnest zusammen

Die Wilde Möhre ist leicht zu erkennen

In der Mitte ihrer weißen Schirmblüte sitzt immer eine dunkle Einzelblüte, die Mohrenblüte. Auf den großen, weißen Blütenschirmen landen gern Weichkäfer (siehe Seite 160) und Fliegen. Sie bestäuben die vielen Einzelblüten, wenn sie auf der Suche nach Nektar auf ihnen herumkrabbeln. Größere Tiere verbreiten dann die stacheligen Samen, weil sie leicht im Fell hängen bleiben. Die Wilde Möhre stirbt im Winter ab. Nur die Samen überdauern die kalte Jahreszeit und treiben im nächsten Jahr neu aus.

Weiße Schirmblüte der Wilden Möhre

Blütendolde mit reifen Samen

Schau genau hin …

Wenn du die Wurzel der Wilden Möhre (rechte Zeichnung oben) ausgräbst, erkennst du, dass sie wie eine dünne, weißliche Möhre aussieht. Aus der Wilden Möhre wurde die Gartenmöhre gezüchtet, deren orange gefärbte Wurzeln (linke Zeichnung oben) viel dicker wurden. Die orange Farbe kommt vom Karotin, das in den Karotten enthalten ist. Karotten sind sehr gesund – hol dir einfach eine zum Knabbern! Die Wurzeln der Wilden Möhre kannst du auch essen. Früher ernährten sich die Menschen in Notzeiten von ihnen.

Das Gänseblümchen

Steckbrief

- Höhe: 3–15 cm hoch
- Blütezeit: Februar bis Dezember
- Auffällige Merkmale:
  weiße Blütenkörbchen mit gelber Mitte; Blätter am Boden aufliegend
- Wissenswertes:
  heißt auch Maßliebchen und Tausendschön; gehört zur Pflanzenfamilie der Korbblütler, deren Blüten aus vielen Einzelblüten zusammengesetzt sind

Das Gänseblümchen sieht aus, als hätte es nur eine einzige Blüte. Das stimmt aber nicht. Wie die Margerite und der Löwenzahn setzt sich das Gänseblümchen aus ganz vielen kleinen Blüten zusammen. Biologen nennen das Blütenkörbchen deshalb nicht Blüte, sondern Blütenstand. Jedes weiße Blütenblatt ist eine eigene Blüte (Zungenblüte). Jedes gelbe Röhrchen in der Mitte ist ebenfalls eine ganze Blüte (Röhrenblüte).

Das Gänseblümchen besteht aus vielen Einzelblüten

Damit du den Blütenstand verstehst, teilst du die Gänseblümchen-Blüte mit einem Messer in zwei Hälften. Nun erkennst du mit der Lupe, dass die gelben Blüten innen eine Röhre bilden. Das sind die Röhrenblüten, die du schon beim Weißklee kennen gelernt hast. Die weißen Blüten sehen anders aus: Sie bilden einen langen zungenförmigen Zipfel und heißen deshalb Zungenblüten. Jede Röhrenblüte und jede Zungenblüte ist eine kleine, aber vollständige Blüte mit Blütenblättern, Staubblättern, die den Blütenstaub bilden, und einer Narbe. Jede dieser kleinen Blüten bringt nach der Bestäubung einen Samen hervor. Wenn der Samen keimt, wächst daraus ein neues Gänseblümchen.

Schau genau hin ...

Hast du schon die Blätter des Gänseblümchens entdeckt? Sie liegen ganz dicht am Boden an. Beim Rasenmähen werden nur sehr wenige Blätter abgemäht. Rinder, Schafe und Pferde können sie mit der Zunge nur selten erfassen und die ganze Pflanze abrupfen. Sie erreichen meist nur die Blütenkörbchen. Doch da das Gänseblümchen fast das ganze Jahr über blüht, macht ihm dieser Verlust nichts aus. Rasch erblühen die nächsten und bilden Samen. Dadurch kommen viele Gänseblümchen auf gemähten Rasenflächen und beweideten Wiesen vor.

Die Margerite

Wie beim Gänseblümchen besteht auch das Blütenkörbchen der Margerite aus vielen Einzelblüten. Jeden Tag blühen neue Einzelblüten in dem Blütenkörbchen auf. Sie bieten Blütenstaub (Pollen) und Nektar an, den die Fliegen und Käfer aufsaugen können. Dabei bestäuben sie die einzelnen Blüten, die bald verwelken. Am nächsten Tag blühen neue Einzelblüten auf. Erst wenn alle Einzelblüten aufgeblüht und bestäubt sind, verwelkt die Margerite.

Steckbrief

- Höhe: 20–80 cm hoch
- Blütezeit: Mai bis Oktober
- Auffällige Merkmale: weißes Blütenkörbchen mit gelber Mitte
- Wissenswertes: heißt auch Wucherblume, weil sie massenhaft vorkommen kann

Margeriten ergeben einen schönen Blumenstrauß

Die Margerite ist eine typische Wiesenblume. An Straßen- und Wegrändern kannst du oft ganz viele Margeriten finden. Die anspruchslose Margerite gehört nämlich zu den ersten Pflanzen, die an frisch angelegten Wegen und Böschungen wachsen. Biologen nennen sie deshalb auch häufig Pionierpflanze.

Zungenblüte

Schau genau hin ...

Die Samen der Margerite werden meistens vom Wind verbreitet. Der Wind schaukelt die trockenen Stiele hin und her und verteilt so die Samen.

Das Schneeglöckchen

Steckbrief

- Höhe: 5–20 cm hoch
- Blütezeit: Februar bis April
- Auffällige Merkmale: hängende weiße Glockenblüte; grüne schmale Blätter
- Wissenswertes: wächst oft unter Bäumen; kann im Garten gepflanzt werden

Die warme Februarsonne schmilzt Löcher in die Schneedecke. Schaust du genau hin, kannst du auf diesen freien Stellen die ersten Schneeglöckchen entdecken. Von weitem sieht man sie oft gar nicht, denn die weißen Blüten sind im sie umgebenden Schnee meist schwer zu erkennen. So schnell wie Schneeglöckchen erscheinen, so schnell verschwinden sie auch wieder. Nach der Blüte sinken die Stängel zusammen und die Früchte neigen sich zum Boden.

Eine Zwiebel als Wurzel

Schau dir einmal eine Blüte genau an. Sie besteht aus drei kleinen inneren Blütenblättern und drei äußeren, die größer sind. Die inneren Blütenblätter enden in grünen Spitzen, die duften. Sie weisen den Hummeln und Bienen den Weg ins Blüteninnere. Hier können sie Nektar und Pollen finden und bestäuben dabei die Blüte. Schneeglöckchen können schon an den ersten milden Tagen im Jahr treiben und blühen, weil ihre Wurzel eine Zwiebel ist. In der Zwiebel sind ganz viele Nährstoffe vom vorherigen Jahr als Vorrat gespeichert.

Schau genau hin …

Die Schneeglöckchen-Zwiebel sieht so ähnlich aus wie die Küchenzwiebel, nur viel kleiner. Wenn das Schneeglöckchen verblüht und die Blätter verwelkt sind, lebt nur noch die Zwiebel im Boden. Sie speichert die Nährstoffe für das nächste Jahr. Schneeglöckchen-Zwiebeln kannst du in der Gärtnerei und im Garten-Center kaufen. Schneid einmal eine auf und betrachte, wie sie innen aufgebaut ist. Du kannst die Zwiebeln auch einpflanzen und dich im nächsten Jahr an den Blüten erfreuen.

Der Hahnenfuß

Wenn im Mai auf den Wiesen der gelbe Hahnenfuß blüht, dürfen Kühe dort nicht weiden. Der Hahnenfuß enthält nämlich zahlreiche Giftstoffe, die Kühen schaden. Beim Trocknen gehen diese giftigen Stoffe allerdings kaputt. Deshalb können Kühe mit getrocknetem Hahnenfuß-Heu gefüttert werden. Wenn du einen Hahnenfuß pflückst, läuft weißer Milchsaft aus seinem Stängel, der deine Haut reizt.

Steckbrief

- Höhe: 30–100 cm hoch
- Blütezeit: Mai bis Juli
- Auffällige Merkmale: gelbe Blüten mit 5 glänzenden Blütenblättern; handförmig geteilte Blätter
- Wissenswertes: heißt wegen der fettig glänzenden Blüten auch Butterblume; eine der häufigsten heimischen Wildpflanzen
- **Giftig**

Der Hahnenfuß wächst auf fetten Wiesen

Biologen nennen Wiesen dann fett, wenn der Boden viele Nährstoffe enthält, zum Beispiel weil ihn Weidetiere mit ihrem Kot düngen. Dort, wo Hahnenfuß wächst, ist der Boden nährstoffreich und enthält zudem ausreichend Wasser, so dass er selbst in heißen Sommern nicht austrocknet. Der Hahnenfuß verdankt seinen Namen den handförmig geteilten Blättern, die an Hahnenfüße erinnern. Schau sie dir einmal an und vergleiche sie. Zur Samenreife entwickelt sich in jeder Blüte eine Frucht, die wie eine grüne, stachelige Beere aussieht. Es ist aber keine Beere, sondern eine Nussfrucht, die aus vielen kleinen Nüsschen besteht. Untersuch einmal eine solche Frucht und zerteil sie in die vielen Nüsschen.

Schau genau hin ...

Der Hahnenfuß hat einfache Blüten, bei denen du leicht die einzelnen Blütenteile erkennen kannst. Ganz innen in der Blüte befindet sich der grüne Fruchtknoten, in dem die Samen gebildet werden. Vom Fruchtknoten führt der Griffel mit der klebrigen Narbe nach oben – auf ihr bleibt der Blütenstaub bei der Bestäubung kleben. Viele Staubblätter, die den Blütenstaub bilden, umgeben den Fruchtknoten. Dann folgen die 5 gelben Blütenblätter.
Drehst du die Blüte um, erkennst du unten die 5 grünen Kelchblätter, die die Blütenknospe vor dem Aufblühen schützend umgeben haben.

Der Raps

Steckbrief

- Höhe: 50–200 cm hoch
- Blütezeit: Mai
- Auffällige Merkmale: gelbe Blüten in einer Blütentraube am Ende der Stängel; bleistiftdicke Schoten mit etwa 30 Samen
- Wissenswertes: wichtige Öl- und Futterpflanze; wird auf großen Feldern angebaut

Im Mai kannst du auf einer Fahrt übers Land große Felder sehen, die schon von weitem gelb leuchten. Das sind Rapsfelder. Raps ist eine wichtige Öl- und Futterpflanze. Sind die gelben Rapsblüten verblüht, entwickeln sich daraus längliche Früchte. Die Hülle dieser länglichen Früchte bilden zwei grüne Fruchtblätter, die längs an einer deutlich erkennbaren Naht miteinander verwachsen sind. Biologen nennen solche Früchte auch Schoten.

Raps liefert ein wichtiges Öl

Jede Schote enthält 10 bis 30 schwarze Samen. Sind die Raps-Samen in der Schote reif, reißt die Frucht entlang der Naht auf. Da die Landwirte die ölreichen Samen ernten möchten, mähen sie die Rapsfelder kurz vor der Samenreife ab. In einer großen Ölpresse wird das Öl aus den Samen gepresst. Aus Rapsöl wird Margarine hergestellt. Es dient auch – anstelle von Diesel – als Treibstoff für Traktoren. Beim Pressen bleiben die harten Pflanzenteile übrig. Sie werden an Kühe verfüttert.

Schau genau hin …

Der Raps hat Blüten mit 4 gelben Blütenblättern. Vielleicht erinnern dich diese Blüten an einige Gemüse, die du kennst. Der Raps ist nämlich ein Mitglied der Kohlfamilie und daher mit folgenden Kohlarten verwandt: Weiß- und Rotkohl, Blumenkohl, Brokkoli, Wirsing, Kohlrabi und Chinakohl. Es gibt einige Wildkräuter mit ähnlichen Blüten. Sie alle gehören zur Pflanzenfamilie der Kreuzblütler, weil ihre Blüten wie ein Kreuz aussehen.

Die Schlüsselblume

Man nimmt an, dass Schlüsselblumen zu ihrem Namen kamen, weil sie mit ihren zahlreichen Blüten am langen Stängel so ähnlich wie alte Schlüssel aussehen. Früher glaubten die Menschen, dass diese Blumen aus dem Schlüsselbund von Petrus, dem himmlischen Torhüter, auf die Erde gefallen sind. Unsere heutigen Sicherheitsschlüssel ähneln Schlüsselblumen nicht, aber vielleicht haben deine Großeltern noch einen alten Schlüssel?

Steckbrief

- Höhe: 10–30 cm hoch
- Blütezeit: März bis Mai
- Auffällige Merkmale: gelbe Blüten an einem blattlosen Stängel; Blätter liegen auf dem Boden
- Wissenswertes: heißt auch Himmelsschlüssel; alte Heilpflanze

Schlüsselblumen stehen unter Naturschutz

Verschiedene Arten von Schlüsselblumen wachsen in Wäldern, auf Wiesen und im Gebüsch. Weil sie in der Natur aber nur noch selten vorkommen, sind sie geschützt. Deshalb darfst du sie dort nicht sammeln und ausgraben. Wenn du im Frühling einen kleinen Strauß Schlüsselblumen pflücken möchtest, musst du dir Samen kaufen und in deinen Garten pflanzen. In Gärtnereien kannst du gezüchtete Schlüsselblumen zum Pflanzen kaufen. Die Schlüsselblume ist eine alte Heilpflanze. Ihre Blätter und Wurzeln sind in einigen Tees aus der Apotheke enthalten, die bei Husten und Erkältung helfen.

Schau genau hin ...

Schau dir einige Blüten genau an. Es gibt nämlich zwei verschiedene Formen: Bei einigen ragt der Griffel mit der klebrigen Narbe weit aus der Blüte heraus und die Staubblätter mit dem Blütenstaub befinden sich tief im Kelch. Bei anderen ist es genau umgekehrt: Die Griffel sitzen am Blütenboden, während die Staubblätter weit aus der Blüte herausragen. So können sich die Blüten nicht selbst mit dem eigenen Blütenstaub bestäuben, sondern müssen von Hummeln und Schmetterlingen mit fremdem Pollen bestäubt werden.

Der Löwenzahn

Steckbrief

- Höhe: 10–50 cm hoch
- Blütezeit: April bis Juli
- Auffällige Merkmale: gelber Blütenkopf; Pusteblume nach dem Abblühen; mit Milchsaft gefüllter Stängel
- Wissenswertes: heißt auch Kuhblume, Butterblume, Milchblume oder Sonnenwirbel; wächst massenhaft auf gut gedüngten Wiesen; Milchsaft möglichst nicht auf Kleidung bringen

Wenn die gelben Blütenköpfe des Löwenzahns verblüht sind, entwickeln sich am Blütenboden viele kleine Samen. Jeder Samen hat einen eigenen Flugschirm. Bläst der Wind oder du in die Pusteblume, fliegen die Samen-Schirmchen weit umher und landen dann irgendwo, auch auf wenig fruchtbarem Boden. Dann wächst dort aus jedem Samen ein neuer Löwenzahn.

Blätter wie Löwenzähne

Jeder Blütenkopf des Löwenzahns besteht in Wirklichkeit – wie bei der Margerite, der Sonnenblume und dem Gänseblümchen – aus 100–200 einzelnen Blüten. Betrachte so eine kleine Einzelblüte einmal unter der Lupe. Sie besteht aus einem einzigen Blütenblatt mit Staubblättern und Stempel, und jede Einzelblüte bildet einen einzigen Samen. Schau dir auch die Blätter an. Ihr Rand sieht ein bisschen aus wie die scharfen Zähne von Löwen. Auf diese Weise kam der Löwenzahn zu seinem Namen. Kaninchen fressen Löwenzahnblätter gern.

Schau genau hin …

Nicht nur der Löwenzahn, auch viele andere Pflanzen nutzen den Wind, um ihre Samen zu neuen Lebensräumen tragen zu lassen.
Stell eine flache Schale mit frischer Blumenerde auf den Balkon oder in den Garten. Beobachte, wie lange es dauert, bis die ersten Samen herangeweht werden und zu keimen beginnen. Lass sie heranwachsen und versuch zu bestimmen, welche Pflanzen es sind.

Die Sonnenblume

Bis zu 1.000 einzelne kleine Blüten bilden den riesigen Blütenkopf einer Sonnenblume. Schau dir einmal die braunen Röhrenblüten im Innern an. Du erkennst, dass sie nicht gleichzeitig blühen. Außen reifen schon sichtbar die ersten Kerne unter den welkenden Blütchen, während innen die Einzelblüten noch als Knospen verschlossen sind. Dazwischen liegt ein Ring offener Blüten.

Steckbrief

- Höhe: 1–2,5 m hoch
- Blütezeit: Juli bis September
- Auffällige Merkmale: sehr großer Blütenkopf mit zungenförmigen gelben Einzelblüten am Rand und braungelben Röhrenblüten im Innern; große herzförmige Blätter
- Wissenswertes: stammt ursprünglich aus Nordamerika; einjährige Pflanze, die im Herbst abstirbt; nur die Samen überdauern den Winter

Der Blütenkopf dreht sich mit der Sonne

Sonnenblumen wenden ihre Blütenköpfe stets der Sonne zu. Am Morgen schauen sie nach Osten, wenden sich im Lauf des Tages nach Süden und blicken abends nach Westen. Besonders eindrucksvoll kannst du dies auf einem großen Sonnenblumenfeld beobachten. In manchen Gegenden werden Sonnenblumen angebaut, weil sie ein wertvoller Öl- und Futterlieferant sind. Aus den Kernen wird ein hellgelbes Speiseöl gepresst, aus dem auch Margarine hergestellt wird. Sonnenblumenkerne sind ein wertvolles Tierfutter – vor allem für Vögel.

Schau genau hin ...

Wenn du Sonnenblumen haben möchtest, steck im März oder April 2–3 Sonnenblumenkerne in die feuchte Erde eines Blumentopfs und stell ihn an einen Ort mit viel Licht. Bald keimen die Samen und die ersten grünen Blätter erscheinen. Sorg dafür, dass die Pflanzen regelmäßig Wasser erhalten. Im Mai kannst du dann den Topf an einem warmen Platz nach draußen stellen oder die kleinen Pflanzen in den Garten setzen.

Die Ringelblume

Steckbrief

- Höhe: 20–50 cm hoch
- Blütezeit: Mai bis September
- Auffällige Merkmale: gelbe bis orange Blütenköpfchen; klebriger Stängel; dicht behaarte Blätter
- Wissenswertes: Name rührt von den raupenartig geringelten Früchten her; alte Heilpflanzen; säen sich leicht im Garten selbst aus

Schon vor vielen Jahrhunderten, als hier noch Ritter in Burgen lebten, wuchsen Ringelblumen in unseren Gärten. Vermutlich brachten Reisende die im Mittelmeerraum beheimateten Ringelblumen zu uns. Heute findet man sie auf der ganzen Welt. Sie sind nicht nur wegen ihrer hübschen Blütenköpfe beliebt, sondern auch wegen ihrer heilenden Inhaltsstoffe. Aus ihren Blüten werden Salben hergestellt.

Ringelblumen duften würzig

Riech einmal an Ringelblumen. Mit ihrem würzigen Duft und den leuchtend gelben Blüten locken sie Bienen und Hummeln an. Als Belohnung für den bestäubenden Blütenstaub erhalten die Insekten Nektar als Nahrung. Bienen mögen – wie wir Menschen – wohlriechende Blumen. Blüten, die nach Fisch, Moder oder Kot riechen, werden meist von Fliegen oder Käfern bestäubt. Auch Schmetterlinge lassen sich gern von stinkenden Blüten anlocken – manche Blüten riechen streng, einige gar nach Schweißfüßen.

Schau genau hin ...

Aus den Blütenköpfen kannst du eine Salbe machen, die du als Handcreme verwenden oder auf entzündete Hautstellen oder „blaue Flecken" streichen kannst. Pflück ganz viele Blütenköpfe und lass sie in der Sonne trocknen. Erhitze dann 75 Gramm getrocknete Blütenköpfe mit 250 Gramm Schmalz in einem kleinen Topf. Vorsicht, die Masse ist sehr heiß! Lass die Masse abkühlen und erhitze sie nach drei Tagen noch einmal. Dann filtrierst du die Salbe durch ein Tuch in ein Gefäß und bewahrst es im Kühlschrank auf.

Der Rote Fingerhut

Auch der giftige Fingerhut enthält wertvolle Substanzen für Heil- und Arzneimittel. Seine Inhaltsstoffe sind in vielen Arzneimitteln aus der Apotheke enthalten, die bei Herzschwäche und Kreislaufbeschwerden helfen. Diese Mittel beinhalten aber nur ganz wenig Substanzen aus dem Fingerhut, denn fast alle Teile dieser Pflanzen sind so giftig, dass Menschen daran sterben können. Berühr deshalb niemals einen Fingerhut!

Steckbrief

- Höhe: 50–150 cm hoch
- Blütezeit: Juni bis August
- Auffällige Merkmale: rote, glockenförmige Blüten in langen Trauben
- Wissenswertes: steht unter Naturschutz; sein Name erinnert an die Ähnlichkeit der Blüten mit dem Fingerhut aus dem Nähkasten
- **Sehr giftig**

Hummeln sind die wichtigsten Bestäuber

Beobachte einmal, wie eine Hummel die Blüten des Fingerhuts besucht. Auf dem breiten Blütenboden kann sie gut landen. Das violett-weiße Tupfenmuster leitet dann das Insekt ins Blüteninnere zum Nektar. Während sie den Nektar aufsaugt, streift die Hummel den Blütenstaub, der auf ihrem Pelz haftet, in der Blüte ab und bestäubt sie dabei. Nach dem Verwelken reifen die leichten Samen in kleinen Kapseln heran. Wenn der Wind die hohe Pflanze zum Schwingen bringt, werden sie herausgeschleudert.

Schau genau hin ...

Der Fingerhut wächst nicht im dunklen Wald, sondern auf Waldlichtungen und an Waldwegen, wo viel Sonne hinkommt. Die Blüten richten sich immer zum einfallenden Sonnenlicht hin. In der langen Blütentraube öffnen sie sich von unten nach oben. Deshalb siehst du unten verwelkte Blüten, während sich ganz oben noch geschlossene Blütenknospen befinden.

Die Herbstzeitlose

Steckbrief

- Höhe: 5–10 cm hoch
- Blütezeit: August bis Oktober
- Auffällige Merkmale: krokusähnliche, blassviolette Blüten mit 6 Blütenblättern; tulpenähnliche Blätter
- Wissenswertes: eine der giftigsten heimischen Pflanzen; schon 1–5 Samen sind für Menschen tödlich; wird nicht von Weidetieren gefressen
- **Sehr giftig**

Wenn im Herbst die Wiesen gemäht und die Weiden abgegrast sind, blüht die Herbstzeitlose. Der violette Schaft der Blüte ist kein Stängel oder Blütenstiel, sondern der untere Teil der Blütenblätter. Die Blütenblätter entspringen ganz tief unter der Erde direkt an der zwiebelförmigen Knolle, so dass die ganze Blüte rund 30 cm lang ist. Somit gehört die Herbstzeitlose zu den längsten Blüten unserer Pflanzenwelt.

Die letzte Blume des Jahres

Die letzten fliegenden Insekten bestäuben die Blüten. Die Herbstzeitlose hat aber dann nicht mehr genug Zeit, um vor dem ersten Frost eine reife Frucht zu bilden. Ihre Blüten sterben ab, aber die unreife Frucht ruht den ganzen Winter über geschützt in der unterirdischen Knolle, die viele Nährstoffe speichert. Die Knolle sitzt bis zu 20 cm tief im Boden, so dass sie selbst in harten Wintern nicht einfriert. Erst im nächsten Frühjahr schieben sich die grünen Blätter mit der Frucht aus dem Boden. Die 4 cm lange, eiförmige Kapselfrucht ist zunächst grün und wird braun, wenn die Samen reifen. Die Samen sind klebrig und bleiben an den Hufen der Weidetiere hängen, die sie von einem Ort zum anderen transportieren. Weidetiere verschmähen die giftige Pflanze.

Frucht der Herbstzeitlosen

Schau genau hin …

Die Herbstzeitlose gehört wie Krokusse, Tulpen, Osterglocken und Schneeglöckchen zu den Zwiebelblumen. Sie alle haben unterirdische Knollen, die der Küchenzwiebel ähneln. Fass keine Herbstzeitlosen an, denn alle Teile von ihr sind sehr giftig!

Das Wiesenschaumkraut

Das Wiesenschaumkraut legt im Frühling einen zartlila Schleier über Wiesen und Weiden. Denn meist kommt es dort in großen Massen vor. An seinem Stängel findest du häufig Schaum (der wie Spucke aussieht), in dem die Larve der Schaumzikade vor Feinden geschützt heranwächst. Die Zikadenlarve erzeugt diesen Schaum selbst, indem sie den aus der Pflanze gesaugten Saft mit Atemluft versetzt.

Steckbrief

- Höhe: 20–50 cm hoch
- Blütezeit: April bis Juni
- Auffällige Merkmale: hellviolette Blüten mit 4 Blütenblättern in einer Blütentraube
- Wissenswertes: wird oft von Aurorafaltern besucht, die auch ihre Eier an den Blättern ablegen; ab Mai fressen dann die Raupen daran

Wie Pflanzen bestimmt werden

Das Wiesenschaumkraut gehört wie der Raps zur Pflanzenfamilie der Kreuzblütler. Alle Pflanzen dieser Familie haben Blüten mit 4 Blütenblättern, die sich wie ein Kreuz gegenüberstehen. Daran kannst du sie eindeutig erkennen, denn die Blüten anderer Pflanzenfamilien sehen anders aus. An der Form, Farbe und Anordnung der Blüten, Blätter und Früchte, an der Blütezeit und daran, wo eine Pflanze wächst, kannst du die genaue Pflanzenart bestimmen. So wächst zum Beispiel das Wiesenschaumkraut meist auf feuchten Wiesen.

Schau genau hin ...

Du kannst das Wiesenschaumkraut leicht selbst vermehren. Dazu legst du einige Pflanzen von der Wiese zwischen feuchtes Moos. Bald bilden die Pflanzen an den Blättern kleine Ableger, die du in feuchten Boden pflanzen kannst.

Die Wegwarte

Steckbrief

- Höhe: 20–150 cm hoch
- Blütezeit: Juli bis September
- Auffällige Merkmale: zahlreiche himmelblaue, 3–4 cm große Blütenkörbchen an verzweigten, blattarmen Stängeln
- Wissenswertes: blüht manchmal auch rosa oder weiß; wird von Fliegen, Käfern, Schmetterlingen, Bienen und Hummeln bestäubt

Schon der Name dieser Blume weist darauf hin, wo die Wegwarte am liebsten wächst – am Wegrand. Auch an Böschungen und auf Ödland gedeiht die wärmeliebende Pflanze. Eine lange Trockenheit macht ihr nichts aus. Die meist himmelblau blühende Wegwarte braucht nicht viel Wasser zum Leben. Manchmal findest du auch Wegwarten, die nicht himmelblau, sondern rosa oder weiß blühen.

Die Wegwarte blüht im Hochsommer

Die Wegwarte blüht in der heißesten Zeit des Jahres. Ihre Körbchenblüten bestehen wie die des Löwenzahns aus vielen einzelnen Zungenblüten und vermitteln den Eindruck einer großen Einzelblüte. Sie öffnen sich morgens, wenn die Sonne aufgeht, und schließen sich schon wieder um die Mittagszeit. An sonnigen Tagen bleiben die Blütenkörbchen auch einmal bis 15 Uhr geöffnet. Wie viele andere blaue Blüten auch bleichen die der Wegwarte in der Sonne aus und werden mit der Zeit immer heller.

Schau genau hin ...

Die Wegwarte hat eine längliche verdickte Wurzel. Früher, als der echte Bohnenkaffee noch sehr viel teurer war als heute und nur reiche Menschen ihn sich leisten konnten, wurde aus den getrockneten Wurzeln der Wegwarte ein Ersatzkaffee gewonnen – der Zichorien-Kaffee. Aus der Wegwarte wurde auch der leicht bittere Chicorée gezüchtet, der gern als Salat gegessen wird.

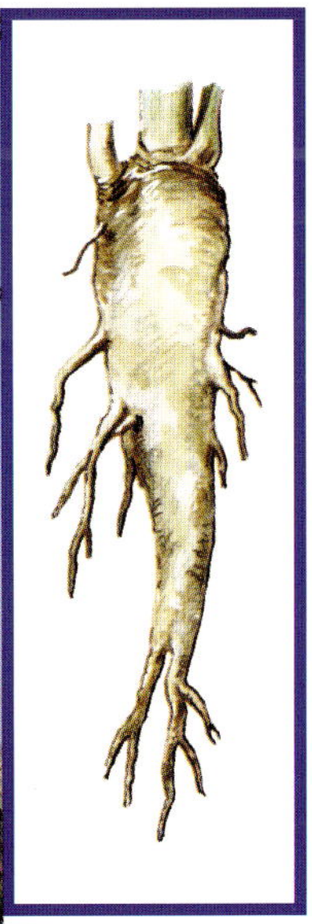

Die Brennnessel

Brennnesseln sind sehr anspruchslose Pflanzen. Sie wachsen fast überall. Manchmal findet man sie sogar auf Komposthaufen. Vor 300 Jahren wurden Brennnesseln bei uns auf Feldern angebaut. Aus ihren langen Bastfasern gewannen die Menschen ein Garn, das zu Nesselstoff verarbeitet wurde. Daraus nähten sie dann Kleidung und Putzlappen. Die jungen Blätter der Brennnessel sind ein vitaminreiches Wildgemüse.

Steckbrief

- Höhe: 30–150 cm hoch
- Blütezeit: Juni bis September
- Auffällige Merkmale: Blätter und Stängel mit vielen Brennhaaren; hellgrüne Blüten
- Wissenswertes: Junge Blätter können als Gemüse gegessen werden; die Brennhaare werden beim Kochen zerstört

Brennhaare schützen sie vor hungrigen Tieren

Die Blätter und Stängel der Brennnessel sind dicht mit kleinen Brennhaaren besetzt. Jedes Brennhaar ist wie eine winzige Giftspritze. Berührst du eines, so bricht dessen Spitze ab und das Brennhaar bohrt sich wie eine Nadel in deine Haut. Dabei ergießt sich die ätzende Flüssigkeit aus dem Brennhaar in die Wunde: Das tut weh, juckt, rötet die Haut und lässt sie anschwellen. Die Brennhaare schützen die Brennnessel davor, von Tieren gefressen zu werden. Trotzdem legen einige Schmetterlinge wie Tagpfauenauge und Kleiner Fuchs ihre Eier auf die Unterseite junger Brennnessel-Blätter. Die Raupen ernähren sich von der Brennnessel.

Schau genau hin …

Auch Brennnesseln haben Blüten. Sie sehen nicht wie Blumen aus, sondern wie fein verzweigte, dünne, hellgrüne Perlenschnüre. Die männlichen und weiblichen Blüten befinden sich auf verschiedenen Pflanzen. Männliche Blüten erkennst du daran, dass sie aufrecht stehen, während die weiblichen herabhängen.

Der Spitzwegerich

Steckbrief

- Höhe: 15–40 cm hoch
- Blütezeit: April bis September
- Auffällige Merkmale: grasähnliche Blüten mit herausragenden weißen Staubblättern; schmale Blätter mit gut sichtbaren Längsstreifen
- Wissenswertes: Unauffällige Blüten werden vom Wind bestäubt

Die Blüten des Spitzwegerichs sind sehr unauffällig. Du hast diese Pflanze bestimmt schon oft gesehen. Sie wächst meist an Wegrändern, auf nährstoffreichen Wiesen und Weiden. Vor ungefähr 200 Jahren brachten Menschen aus Europa Samen des Spitzwegerichs nach Amerika. Seitdem wächst er auch dort. Indianer nannten den Spitzwegerich aufgrund seiner europäischen Herkunft „die Fußspuren des weißen Mannes".

Der Spitzwegerich hat unscheinbare Blüten

Betrachte einmal einen blühenden Spitzwegerich genauer. Sein langer Stängel endet in einer unscheinbaren Blüte, die so ähnlich wie die Blüten von Gräsern aussieht. Denn wie bei den Gräsern transportieren nicht die Bienen und Hummeln, sondern der Wind den Blütenstaub von Blüte zu Blüte. Aus den Blüten ragen lange Staubfäden heraus, an denen die Staubbeutel hängen. Schon ein leichter Luftzug genügt, um den trockenen Blütenstaub auszustreuen. Biologen nennen Blütenstaub auch Pollen. Blüten, die vom Wind bestäubt werden, erzeugen riesige Mengen an Blütenstaub: So wird geschätzt, dass ein einziger Staubbeutel rund 200.000 Pollenkörner entlässt.

Schau genau hin ...

Der Spitzwegerich ist eine alte Heilpflanze, deren Inhaltsstoffe in vielen Heilmitteln gegen Husten und Entzündungen in Mund und Rachen enthalten sind. Presst du den Saft aus frischen Blättern auf einen Insektenstich, so lässt der Juckreiz nach. Presst du ihn auf einen geschwollenen Knöchel, so lindert das die Schmerzen.

Gräser

Gräser sind die häufigsten Pflanzen auf unseren Wiesen. Sie werden vom Wind bestäubt und tragen unauffällige Blüten, die massenhaft Blütenstaub produzieren. Gräser haben runde, meist hohle Stängel, die Halme heißen. Daran sitzen verdickte Stellen, die Knoten, und lange, schmale Blätter. Unter der Erde breiten sich die dichten Wurzeln der Gräser aus und halten den Erdboden fest. Ohne Gräser würde er durch den Wind verweht.

Steckbrief

- Höhe: 30–120 cm hoch
- Blütezeit: April bis Juli
- Auffällige Merkmale: dünne Halme mit grünen Grasblüten in verschiedenen Formen
- Wissenswertes: über 8.000 Grasarten auf der ganzen Welt; Blätter wachsen von unten nach, wenn sie von Tieren abgeweidet wurden

Futterpflanzen für Weidetiere

Gräser sind die wichtigsten Futterpflanzen für Weidetiere wie Rinder und Schafe, aber auch für viele wild lebende Tiere, die sich von Pflanzen ernähren. Beliebte Futtergräser sind zum Beispiel das Knäuelgras (rechts) und der Wiesen-Fuchsschwanz (links), weil sie viele Nährstoffe enthalten. Im Herbst werden diese Gräser zusammen mit anderen Wiesenpflanzen getrocknet und im Winter als Heu an die Stalltiere verfüttert. Es gibt über 8.000 verschiedene Gräserarten auf der Welt.

Schau genau hin ...

Beobachte einmal, was passiert, wenn du Grashalme mit deinen Füßen niedertrittst. Sie richten sich rasch wieder auf. Das liegt daran, dass die Knoten eines Halmes aus einem besonderen Gewebe bestehen. Dieses Gewebe kann ständig wachsen und den niedergetretenen Halm wieder aufrichten.

Das Getreide

Steckbrief

- Höhe: 60–120 cm hoch
- Blütezeit: Mai bis August, je nach Getreideart
- Auffällige Merkmale: dicke Getreideähren (Roggen, Weizen, Gerste) oder Getreiderispen (Hafer) an kräftigen Halmen
- Wissenswertes: Reife Samen fallen – anders als bei den meisten Pflanzen – nicht heraus, so dass sie geerntet werden können

Das Getreide gehört zu den wichtigsten Kulturpflanzen der Menschen. Seine reifen Samen fallen nicht – wie bei vielen Blumen – aus den Pflanzen heraus, sondern werden als Getreidekörner geerntet. Ursprünglich waren alle Getreidearten wild wachsende Gräser, die vor vielen tausend Jahren regelmäßig ausgesät wurden. Weizen ist die älteste Getreideart, die schon vor 9.000 Jahren angebaut wurde.

Weizen, Roggen, Gerste, Hafer

Die Samenkörner des Weizens enthalten lebenswichtige Nährstoffe. Anfangs aßen die Menschen nur die gerösteten Körner. Später zerrieben sie sie zu Mehl und bereiteten daraus Brei und Brot. Die Römer legten die ersten Felder mit Roggen an, im Mittelalter wurde aus Roggenmehl Brot gebacken. Im Gegensatz zu Weizenbrot trocknen Brote aus Roggenmehl nicht so schnell aus. Gerste wird heute fast nur noch zum Bierbrauen oder als Viehfutter verwendet. Hafer findet man als Flocken im Müsli.

Hafer Gerste Roggen Weizen

Schau genau hin ...

Auch der Mais ist ein Getreide. Er wird bis zu 3 m hoch. In den großen Kolben reifen unzählige gelbe Maiskörner. Maiskolben kannst du auf dem Grill rösten und essen oder aus den getrockneten Körnern Popcorn machen.

Schau genau hin …

Wenn du auf deinem Beet Bohnen ranken lassen möchtest, wähl am besten die Bohnenkerne von Stangen- oder Feuerbohnen. Drück dazu im Frühjahr ein paar Bohnenkerne in einen Blumentopf mit Erde und stell diesen an einen hellen Platz. Ab und zu musst du die Erde gießen. Bald wachsen aus den Bohnen kleine Pflänzchen. Ab Ende Mai kannst du die Bohnenpflanzen dann in den Garten setzen. Als Kletterhilfe musst du ihnen lange Stangen anbieten, die du auch wie ein Indianerzelt aufstellen kannst. Dann hast du im Sommer ein schattiges Versteck.

Der Garten im Wechsel der Jahreszeiten

Geh einmal mit offenen Augen durch einen Garten oder eine Parkanlage. Im Frühjahr blühen unter den kahlen Sträuchern bunte Krokusse, rote Tulpen und gelbe Osterglocken. Im Sommer setzen unzählige Blumen ihre bunten Tupfer ins üppige Grün der Blumenbeete. Jetzt reifen auch Tomaten, Bohnen und Zucchini, und duftende Kräuter stehen in voller Blüte. Im Herbst ist dann für die meisten Gemüsearten Erntezeit. Und im Winter ruhen die Pflanzen.

Obst und Kräuter

Obst – Äpfel, Birnen, Kirschen und Himbeeren – wächst meist auf Bäumen oder an Sträuchern. Die meisten Kräuter- und Gemüsearten hin-

Minze

Welche Pflanzen sind Kräuter und Gemüse?

Ringelblume

gegen sind Blumen. Kräuter sind nicht nur bei uns beliebt. Bienen, Hummeln und Schmetterlinge fliegen auf der Suche nach Nektar von Blüte zu Blüte. Kräuter duften herrlich. Reibe die Blätter von Minze oder Zitronenmelisse zwischen deinen Fingern und rieche einmal daran. Kräuter schmecken auch gut – ihre Blätter und Blüten verfeinern viele Speisen.

Gemüse

Bei uns wachsen viele verschiedene Gemüsearten. Spinat, Salate, Weiß- und Rotkohl sind Blattgemüse, bei denen die Blätter gegessen werden. Sie kommen meist nicht zum Blühen, weil sie zuvor geerntet werden. Fruchtgemüse wie Tomaten, Gurken, Erbsen und Bohnen blühen, bevor sich ihre Früchte entwickeln können. Wurzelgemüse sind alle Gemüsearten, bei denen unterirdisch wachsende Pflanzenteile geerntet werden. Dazu zählen Rettich, Radieschen, Karotten und Sellerie. Zu den Zwiebelgemüsen gehören alle Gemüse aus der Pflanzenfamilie der Zwiebelgewächse – das sind Lauch, Zwiebeln und Knoblauch.

Salbei

Kräuter im Garten

- Ringelblume
- Petersilie
- Schnittlauch
- Borretsch
- Zitronenmelisse
- Minze
- Salbei
- Basilikum

Pilze sind keine Pflanzen, sondern – neben Pflanzen und Tieren – eine eigenständige Gruppe. Anders als Pflanzen haben Pilze kein Blattgrün. Deshalb können sie selbst keine Nährstoffe bilden. Pilze ernähren sich von den verwesenden Überresten abgestorbener Pflanzen und toter Tiere, die sie über ihr Wurzelgeflecht – das Pilzgeflecht – aufnehmen.

Was ist ein Pilz?

Hutpilze, Schimmelpilze und Hefe

Am bekanntesten sind die auffälligen Hutpilze, bei denen ein runder Hut auf einem Stiel sitzt. Im späten Sommer oder Herbst schießen sie buchstäblich aus dem Boden. Bei uns gibt es rund 2.500 verschiedene Pilzarten. Giftpilze und Speisepilze sehen sich oft sehr ähnlich – überlass das Pilzesammeln deshalb den Pilzkennern. Manche Hutpilze tragen Lamellen unter dem Hut (Lamellenpilze). Bei anderen sieht die Unterseite des Hutes wie mit kleinen Löchern gespickt aus (Röhrenpilze). Andere bilden gar keinen Hut aus, sondern knollige Pilzkörper. Pilze haben in der Natur die wichtige Aufgabe, tote Pflanzen und Tiere zu zersetzen und sie so dem biologischen Kreislauf wieder zuzuführen. Zu den Pilzen gehören auch die Schimmelpilze, die du zum Beispiel von verschimmeltem Brot oder Jogurt kennst. Auch Hefe ist ein Pilz.

Daran erkennst du eindeutig einen Pilz

- Enthält kein Blattgrün
- Hutpilze bilden einen Hut auf dem Stiel
- Niedere Pilze, wie Schimmelpilze, durchdringen mit ihrem Wurzelgeflecht Nahrungsmittel oder abgestorbene Pflanzen und Tiere

Der Fliegenpilz

Schau einmal unter den Hut eines großen Fliegenpilzes. Dort siehst du weiße Lamellen. In ihnen werden die Sporen gebildet, mit denen sich die Fliegenpilze – wie alle anderen Pilze auch – vermehren. Sporen sind also die Samen der Pilze. Wenn sie auf geeignetem Boden landen, keimen die Sporen aus und bilden ein neues Pilzgeflecht. Fliegenpilze findet man besonders häufig unter Birken, Fichten und Kiefern.

Steckbrief

- Größe: 6–20 cm
- Erscheinungszeit: Juli bis November
- Auffällige Merkmale: leuchtender roter oder orangefarbener Hut mit weißen Flecken; weißer Stiel
- Wissenswertes: wächst in Wäldern, oft unter Birken, Fichten, Lärchen und Kiefern
- **Giftig**

Der Pilz mit dem roten Hut und den weißen Flecken

Einen Fliegenpilz kannst du ganz leicht an seinem roten Hut mit den weißen Flecken erkennen. Der Regen kann allerdings diese Flecken abwaschen. Da Fliegenpilze aber meist in Gruppen zusammenstehen, ist sicher einer mit weißen Flecken dabei. Der Fliegenpilz bekam seinen Namen vermutlich deshalb, weil kleine Fliegen ihre Eier in diesem Pilz ablegen. Vielleicht heißt er aber auch so, weil man früher mit seiner Hilfe lästige Fliegen im Haus und Stall tötete. Dazu wurden kleine Stücke Fliegenpilz in Milch gelegt. Wenn dann die Fliegen diese giftige Milch aufsaugten, starben sie.

Schau genau hin ...

Wenn du ganz kleinen Fliegenpilzen unter den Hut schaust, entdeckst du dort noch keine Lamellen – diese Pilze sind noch nicht reif und die Lamellen sind noch von der Haut des Hutes bedeckt. Wenn du einen Fliegenpilz angefasst hast, wasch dir gründlich die Hände.

Der Grüne Knollenblätterpilz

Steckbrief

- Größe: 5–15 cm
- Erscheinungszeit: Juli bis November
- Auffällige Merkmale: glatter, glänzend olivgrüner oder graugrüner Hut; weißer Stiel mit knolligem Fuß
- Wissenswertes: der giftigste heimische Pilz, eng mit dem Fliegenpilz verwandt
- **Tödlich giftig**

Junge Knollenblätterpilze riechen süßlich nach Honig. Ihr Hut schlüpft aus einer weißen rundlichen Hülle wie aus einem Ei. Die weiße Hülle bleibt meist stehen und hüllt den Stiel im unteren Teil ein. Das ist ein typisches Merkmal für diesen giftigen Pilz, das ihn von anderen ähnlich aussehenden Pilzen unterscheidet. Der Grüne Knollenblätterpilz hat einen glatten, glänzend olivgrünen oder graugrünen Hut.

Unser gefährlichster Pilz

Der Grüne Knollenblätterpilz ist bei uns der gefährlichste Pilz. Obwohl er eher unscheinbar aussieht, ist er sehr giftig. Schon der Genuss eines einzigen Pilzes kann tödlich sein. Erst 8–20 Stunden nach dem Verzehr zeigen Erbrechen, Krämpfe und Schweißausbrüche die Vergiftung an. Dann hat das Gift bereits Leber, Herz und Nieren geschädigt. Sogar die winzigen, weißen Sporen des Grünen Knollenblätterpilzes sind giftig. Deshalb darf man ihn nie in die Nähe von Speisepilzen legen, denn er kann auch diese vergiften. Schnecken machen die starken Pilzgifte nichts aus: Unbeschadet raspeln sie kleine Stücke aus dem Hut des Grünen Knollenblätterpilzes.

Schau genau hin ...

Jede Pilzart fühlt sich an einem ganz bestimmten Ort wohl. Manche brauchen einen Boden, der ständig feucht ist oder der sehr steinig ist. Andere wachsen am häufigsten unter Nadel- oder Laubbäumen. Der Grüne Knollenblätterpilz kommt hauptsächlich in Laubwäldern vor – er gedeiht unter Eichen und Buchen.

Der Wiesenchampignon

Wenn es nach einem trockenen Sommer endlich wieder kräftig regnet, sprießen auf den Viehweiden unzählige Wiesenchampignons. Durch den Kot von Rindern und Pferden enthält der Boden viele Nährstoffe, die dieser Pilz braucht. Doch Vorsicht: Hier wächst auch der giftige Karbolchampignon, der dem Wiesenchampignon sehr ähnlich sieht. Allerdings stinkt der Karbolchampignon nach Mäuseurin.

Steckbrief

- Größe: 5–15 cm
- Erscheinungszeit: Juni bis Oktober
- Auffällige Merkmale: mattweißer, glatter Hut auf weißem Stiel; Lamellen zunächst rosa, später braun oder schwarz
- Wissenswertes: essbar, guter Speisepilz. Vorsicht: Viele weiße Pilze sind giftig und werden leicht mit dem Wiesenchampignon verwechselt!

Der Champignon aus dem Gemüseregal

Champignons kannst du auch beim Gemüsehändler kaufen. Das sind dann aber keine Wiesenchampignons, sondern nah verwandte Zuchtchampignons. Diese wachsen nicht auf Wiesen, sondern auf speziellen Komposthaufen in dunklen, kühlen Kellern. Junge, feste Champignons kannst du auch roh essen. Ältere sind oft madig. Dann haben Fliegen ihre Eier in den Pilz gelegt, deren schlüpfende Larven das Pilzfleisch fressen. Willst du Pilzsporen sehen, lege einen Pilzhut flach auf ein Blatt Papier und bedecke ihn für ein paar Stunden mit einer Schüssel. Wenn du den Hut wegnimmst, liegen die Sporen im Kranz da.

Schau genau hin …

Schneide einen frischen Champignon der Länge nach durch. Der untere Teil des Pilzes ist der Stiel, der obere Teil ist der Hut. Unter dem Hut hängen bräunliche Lamellen. Wenn der Pilz reif ist, produzieren sie die staubartigen Sporen. Mithilfe der Sporen vermehrt sich der Pilz. Meist kannst du unreife Champignons kaufen, bei denen der Hut noch nicht geöffnet ist. Dann sind die Lamellen von außen nicht zu sehen.

Der Steinpilz

Steckbrief

- Größe: 5–25 cm
- Erscheinungszeit: September bis November
- Auffällige Merkmale: hellbrauner bis dunkelbrauner Hut, der feucht glänzt; weißer Stiel mit bräunlichen Flecken
- Wissenswertes: einer der besten Speisepilze; wächst in Laub- und Nadelwäldern; wächst in manchen Jahren massenhaft, in anderen gar nicht

Schaust du einem Steinpilz unter den Hut, so findest du dort keine Lamellen wie beim Wiesenchampignon. Stattdessen siehst du eine Fläche mit unzähligen kleinen, zarten Löchern. All diese Löcher sind die Mündungen von kleinen Röhren – deshalb gehört der Steinpilz zu den Röhrenpilzen. In diesen Röhren werden – wie in den Lamellen – die Sporen gebildet.

Der wertvollste Speisepilz

Der Steinpilz heißt auch Herrenpilz, weil er früher vor allem bei reichen Leuten, die man damals Herren nannte, auf den Tisch kam. Sein festes Fleisch schmeckt mild nach Nüssen. Deshalb gilt er als der wertvollste Speisepilz, der bei uns in der freien Natur wächst. Damit es immer genügend Steinpilze in unseren Wäldern gibt, dürfen die Menschen bei uns nur so viele von ihnen sammeln, wie sie für eine Mahlzeit benötigen. Steinpilze wachsen meist in kleinen Gruppen. Bei ganz jungen Steinpilzen schaut oft nur der bräunliche Hut heraus, während fast der gesamte Stiel tief im Boden steckt.

Schau genau hin …

Schneid einmal einen Pilz ab. Dabei musst du sehr vorsichtig vorgehen. Reiß den Pilz nicht einfach aus dem Boden heraus, sondern schneid ihn direkt über dem Boden ab. Wenn du ihn herausreißt, zerstörst du dabei das Pilzgeflecht im Boden und es können keine neuen Pilze mehr wachsen.

Der Kartoffelbovist

Wenn du im Herbst auf dem Waldboden – im Laub- oder im Nadelwald – bräunliche Knollen siehst, die so ähnlich wie Kartoffeln aussehen, hast du Kartoffelboviste entdeckt. Diese Pilzart sieht nicht wie ein gewöhnlicher Pilz mit Stiel und Hut aus. Besonders gern wachsen Kartoffelboviste unter Birken und Eichen. Manchmal kann man Kartoffelboviste auch auf gepflasterten Straßen entdecken.

Steckbrief

- Größe: 5–10 cm
- Erscheinungszeit: Juli bis November
- Auffällige Merkmale: großer, kartoffelähnlicher Pilz mit echsenartiger Haut; innen schwarz
- Wissenswertes: riecht eigentümlich nach Gummi oder Metall; wächst in Laub- und Nadelwäldern; häufiger Pilz
- **Giftig**

Die Sporen entweichen in einer Wolke

Bei uns gibt es einige Pilzarten, die so ähnlich wie der Kartoffelbovist aussehen. Diese knollig wachsenden Pilze gehören zu den Bauchpilzen.
Bei ihnen werden die Sporen nicht in den Lamellen oder Röhren unter dem Hut gebildet, sondern im Innern des kugeligen Pilzkörpers. Sind die Sporen reif, platzt die Oberseite des Pilzes auf und der Wind trägt die Sporen davon. Bei manchen Arten pressen aufprallende Regentropfen die Sporen heraus, bei anderen müssen dazu sogar größere Tiere auf den reifen Pilzkörper treten. Das kannst du nachahmen: Trittst du auf einen reifen, noch geschlossenen Bovist, dann macht es „Pfff“ und die braunen Sporen entweichen in einer kleinen Staubwolke.

Schau genau hin …

Wenn du einen Kartoffelbovist direkt über dem Boden abschneidest, dann entdeckst du, dass er mit kräftigen, weißen Fäden im Boden verankert ist. Diese weißen Fäden gehören zum Pilzgeflecht und nehmen, wie die Wurzeln von Pflanzen, Wasser und Nährstoffe auf.

Baumpilze

Steckbrief

Der Hallimasch
- Größe: 2–10 cm
- Erscheinungszeit: September bis Oktober
- Auffällige Merkmale: brauner Hut mit weißen Schuppen auf weißem Stiel
- Wissenswertes: gefürchteter Holzschädling

Morsche Baumstämme und Baumstümpfe sind eine Fundgrube für Pilzfreunde. An und auf ihnen wachsen unzählige Baumpilze, die verschieden aussehen: Manche erinnern an braune oder grüne Lappen, andere wachsen wie kleine Dächer aus dem Holz oder sehen wie gelber Schaumstoff aus. Sie alle zersetzen die abgestorbenen Stämme und führen die Nähr- und Inhaltsstoffe aus dem Holz wieder dem Boden und damit den Pflanzen zu.

Der Hallimasch zerstört auch lebende Bäume

Echter Zunderschwamm

Den Hallimasch sieht man im Herbst in kleinen Büscheln an gefällten Baumstämmen. Doch er wächst nicht nur auf totem Holz, er sprießt auch aus den Stämmen und Wurzeln lebender Fichten und Kiefern. Förster und Waldbesitzer fürchten ihn, weil er Bäume und Sträucher zerstören kann. Sein Pilzgeflecht dringt von den Wurzeln aus in den Stamm und durchzieht bald den ganzen Baum. Dann ist das Holz nutzlos und kann nicht mehr zum Bau von Möbeln oder Ähnlichem verwendet werden. Er breitet sich leicht von Baum zu Baum aus. Der Hallimasch ist das größte Lebewesen der Erde, denn sein Pilzgeflecht erstreckt sich über riesige Waldflächen und wiegt so viel wie mehrere Autos zusammen.

Schau genau hin …

Das 2–5 cm große Stockschwämmchen wächst auf so ziemlich jedem morschen Baumstumpf im Wald. Riech einmal an diesem Pilz: Er duftet würzig nach aromatischen Pilzen und wird von Pilzsammlern gern für leckere Pilzgerichte gesammelt. Doch vorsicht: Auf demselben Baumstumpf wächst auch der ähnlich aussehende Gifthäubling, der tödlich giftig ist. Im Gegensatz zum Stockschwämmchen riecht dieser Giftpilz nach Mehl.

Stockschwämmchen

Hallimasch

Schau genau hin ...

Viele Tiere – wie Schnecken, Eichhörnchen oder Rehe – ernähren sich von Pilzen, die für uns Menschen tödlich giftig sind. Jedes Jahr vergiften sich viele Menschen an Pilzen, die sie selbst gesammelt und dann gegessen haben. Bei einer Pilzvergiftung hat man starke Bauchschmerzen und muss sich übergeben. Sie kann sogar tödlich enden. Du siehst es einem Pilz von außen nicht an, ob er giftig ist oder nicht. Überlass deshalb das Sammeln von Pilzen lieber den Pilzkennern!

Das Pilzgeflecht

Der Stiel mit dem Hut oder der kartoffelähnliche Pilzkörper sind nur ein kleiner Teil des Pilzes. Biologen nennen ihn Fruchtkörper. Seine Aufgabe ist es, die Sporen zu verbreiten, aus denen sich neue Pilze entwickeln können. Unter der Erde befindet sich der größte Teil jedes Pilzes. Das ist das Pilzgeflecht. Es besteht aus dünnen Fäden, die sich weit im Boden oder in vermoderndem Holz verzweigen und aus denen immer neue Pilze wachsen.

Pilz und Baum sind Partner

Viele Pilzarten leben eng mit Bäumen und anderen Pflanzen zusammen. Ihre Wurzeln verflechten sich ineinander und tauschen Nährstoffe

Das Leben der Pilze

aus. Der Baum gibt dem Pilz Zuckerverbindungen ab und der Baum erhält vom Pilz Wasser und lebensnotwendige Nährsalze, die sich der Baum nicht selbst aus dem Boden holen kann. Biologen nennen diese Lebensgemeinschaft Symbiose: Beide Partner profitieren voneinander und können zusammen besser leben als allein.

Hexenringe

Auf Wiesen, auf Rasenflächen oder im Wald kannst du manchmal Pilze entdecken, die in einem Kreis wachsen. Pilzringe heißen auch Hexenringe. Manche sind so groß wie Autoreifen, andere noch viel größer. Stell dich einmal in die Mitte eines solchen Rings. An dieser Stelle landete einmal eine Pilzspore und begann zu keimen. Von dort aus breitete sich das Pilzgeflecht im Boden nach allen Seiten aus und wächst immer noch weiter. Die Fruchtkörper bilden sich an den äußeren Enden des Pilzgeflechtes – so entsteht der Kreis. Früher glaubten die Menschen, dass Elfen in den Ringen tanzten, weil sie nicht von Menschen gestört werden wollten. Deshalb nannten die Menschen Pilzringe früher Elfentanz.

Bäume und ihre Pilzpartner

- Kiefer: Steinpilz
- Fichte: Fliegenpilz, Weißer Knollenblätterpilz, Pfifferling
- Birke: Fliegenpilz
- Eiche: Grüner Knollenblätterpilz, Pfifferling, Steinpilz
- Buche: Grüner Knollenblätterpilz

Zu den Säugetieren gehören zum Beispiel Hunde, Katzen, Mäuse und Pferde, aber auch Wale, Fledermäuse und wir Menschen. Alle Säugetiere besitzen Haare und säugen ihre Jungen mit Muttermilch. Säugetiere haben stets eine gleichmäßig hohe Körpertemperatur, denn sie sind, wie die Vögel auch, Warmblüter.

Was ist ein Säugetier?

Säugetiere leben überall

Auf der Erde leben über 4.000 verschiedene Arten von Säugetieren: an Land, im Wasser und in der Luft. Sie werden in drei Gruppen eingeteilt: Die meisten gehören zu den Echten Säugetieren, bei denen sich das Junge in der Gebärmutter der Mutter entwickelt. In Australien leben die urtümlicheren Beuteltiere wie Känguru und Koala. Die Jungen werden winzig klein geboren und entwickeln sich im Beutel der Mutter weiter. Schließlich gibt es in Australien sogar Säugetiere, die Eier legen: Wenn die Jungen von Schnabeltier und Schnabeligel aus dem Ei geschlüpft sind, werden sie von ihrer Mutter gesäugt.

Daran erkennst du eindeutig ein Säugetier

- Haut ist mit Haaren bedeckt
- Mutter säugt ihre Jungen mit Muttermilch
- Von Maulwurf bis Giraffe: Alle haben 7 Halswirbel

Der Igel

In der Dämmerung geht der Igel laut schnüffelnd auf Jagd. Wenn er etwas Fressbares gefunden hat, hörst du sein Schmatzen schon von weitem. Nähert sich ihm ein Feind, zum Beispiel ein Marder, der ihn fressen will, zieht der Igel seine Beine ein und rollt sich blitzschnell zu einer stacheligen, harten Kugel zusammen. Den Tag verschläft der Igel in seinem Versteck unter einem alten Laubhaufen, in einer Hecke oder im Gebüsch.

Steckbrief

- Größe: bis 35 cm lang
- Gewicht: 450–1.200 Gramm
- Auffällige Merkmale: Oberseite völlig mit Stacheln bedeckt; dunkle Knopfaugen, kurze Beine
- Nahrung: Regenwürmer, Insekten, Spinnen, Schnecken, Vogeleier, Kompostabfälle
- Wissenswertes: Einzelgänger; wird 8–10 Jahre alt

Igel halten Winterschlaf

Im Herbst verzieht der Igel sich in sein Winterquartier und hält Winterschlaf. Dann kann er bei stark abgesenkter Körpertemperatur und nur einem Atemzug in der Minute monatelang von den Fettpolstern, die er im Herbst angefuttert hat, leben. Im Frühjahr wacht er abgemagert und hungrig wieder auf. Ab Juni bekommen die Igel Nachwuchs: In einem Nest aus Gras und Laub bringt die Igelmutter 3–7 blinde und nackte Junge auf die Welt, die schon ein Kleid aus kurzen, weichen Stacheln tragen. Nach 3–4 Wochen verlassen sie für kurze Ausflüge das Nest und versuchen, selbst Nahrung zu finden.

Schau genau hin …

Wenn du einen Igel aus der Nähe beobachten willst, dann stell jeden Abend eine kleine Portion Hackfleisch mit Haferflocken (ohne Milch!) vor die Tür. Bald hast du einen ziemlich zutraulichen Gast, der dich regelmäßig besucht.

Der Maulwurf

Steckbrief

- Größe: bis 17 cm lang, dazu 3 cm Schwanz
- Gewicht: 60–120 Gramm
- Auffällige Merkmale: Vorderbeine wie Schaufeln mit kräftigen Krallen; samtschwarzes Fell; winzige Augen
- Nahrung: Regenwürmer, Insekten und deren Larven, Schnecken, Tausendfüßer
- Wissenswertes: Einzelgänger; lebt fast ständig unter der Erde

Einen Maulwurf siehst du so gut wie nie. Er lebt fast immer unter der Erde. Mit seinen winzigen Augen sieht er nicht gut; dafür kann er ausgezeichnet hören. Mit seinen großen, kräftigen Grabschaufeln baggert er wie ein Raupenfahrzeug ein weit verzweigtes System aus unterirdischen Tunneln und Gängen. Dabei fällt viel Erde an, die er nach oben befördert: So entstehen die bekannten Maulwurfshügel.

Leben unter der Erde

Die unterirdischen Tunnel führen zu mehreren Höhlen. Die größte polstert der Maulwurf mit weichen Pflanzenteilen aus. Das ist seine Wohnkammer, in der er ruht und in der das Weibchen seine Jungen zur Welt bringt. In den anderen Kammern lagert er seine Vorräte, die er auf den täglichen Jagdzügen durch sein Reich erbeutet hat: Regenwürmer und allerlei Kleingetier. Da es unter der Erde dunkel ist, hat der Maulwurf lange Tasthaare an seiner Schnauze und ein ausgezeichnetes Ortsgedächtnis. So findet er sich ohne Probleme in dem Gewirr der Stollen und Gänge zurecht.

Schau genau hin …

Das unterirdische Tunnelsystem eines Maulwurfs kannst du besonders gut auf einer Wiese mit frischen Maulwurfshügeln erahnen. Denn die Hügel liegen immer oberhalb der Gänge. Und da, wo der frischste Erdhaufen ist, hat sich der Maulwurf erst vor kurzem aufgehalten.

Die Spitzmaus

Mäuse haben bekanntlich große Nagezähne. Schaust du in das Maul einer Spitzmaus, blitzen dir aber viele gefährlich spitze Zähnchen entgegen. Spitzmäuse sind nämlich keine Nagetiere wie die echten Mäuse, sondern Insektenfresser und nahe Verwandte von Igel und Maulwurf. Spitzmäuse haben eine lange, schmale Schnauze, um in die engen Ritzen zu gelangen, in denen sich Insekten verstecken.

Steckbrief

- Größe: bis 8 cm lang, dazu 3 cm Schwanz
- Gewicht: 3–6 Gramm
- Auffällige Merkmale: spitze, sehr bewegliche Schnauze; winzige Augen
- Nahrung: Insekten und deren Larven, Schnecken, Regenwürmer
- Wissenswertes: sehr gefräßig; wird nur eineinhalb Jahre alt

Nächtliche Jagd auf Beute

Nachts streifen die winzigen Spitzmäuse rastlos auf Nahrungssuche umher und erbeuten alles, was sie überwältigen können. Vielleicht kannst du sogar ihre schrill quiekenden Rufe hören. Männchen und Weibchen bauen gemeinsam ein kugelförmiges Nest aus Grashalmen, Moos und trockenem Laub am Boden, zwischen Pflanzen oder in niedrigen Mauern. Hier kommen mehrmals im Jahr bis zu 11 nackte Junge auf die Welt. Fühlt sich die Spitzmaus-Familie gestört, zieht sie kurzerhand um: Dabei transportiert die Mutter die Jungen einzeln nach Katzenart im Maul oder die Jungen laufen in einer langen Karawane hinter ihrer Mutter her.

Schau genau hin ...

Spitzmäuse riechen unangenehm. Räuberische Säugetiere wie Fuchs und Hermelin lassen sich dadurch abschrecken, nicht aber Eulen und Schlangen. Auch Katzen erbeuten oft Spitzmäuse, fressen sie aber wegen ihres Gestanks nicht auf.

Die Zwergfledermaus

Steckbrief

- Größe: bis 5 cm lang
- Gewicht: 3–8 Gramm
- Auffällige Merkmale: schmale, schwarzbraune Flügel; kurze dreieckige Ohren
- Nahrung: sehr kleine Nachtfalter und Mücken
- Wissenswertes: kleinste Fledermaus Europas; bei uns eine der häufigsten Fledermäuse

Die nur daumengroße Zwergfledermaus ist bekannt für ihre rasante Flugweise. In der Abenddämmerung geht sie auf Jagd. In engen Schleifen und plötzlichen Kehrtwendungen flattert sie in hohem Tempo am Teichufer oder Waldrand entlang. Auch in unseren Siedlungen kannst du die Zwergfledermaus beobachten. Dort kreist sie oft unermüdlich um die Straßenlaternen, denn im Lichtschein sammeln sich viele Insekten.

Zwergfledermäuse sind gern in unserer Nähe

Tagsüber ruhen Fledermäuse in schmalen Holz- und Mauerspalten oder in eigens für sie aufgehängten Fledermauskästen. Und den Winter verschlafen sie in Kirchtürmen und Höhlen. Manchmal verirren sich Zwergfledermäuse in unsere Häuser. Dann bleiben sie in den Gardinen hängen oder flattern im Raum umher. Hilf einer Fledermaus, wenn sie in deinem Zimmer ist. Denn allein findet sie den Weg nach draußen nicht und muss jämmerlich sterben. Vorsichtig kannst du die kleine Fledermaus in deine Hände nehmen, sie beißt nicht. Dann bring sie ins Freie.

Fledermauskasten

Schau genau hin …

Jagende Zwergfledermäuse kannst du am besten beobachten, wenn du mit einer starken Taschenlampe an einem Ufer mit vielen Bäumen entlangleuchtest. Bald umschwirren sie dich und du kannst ihre zwitschernden Laute hören. Die Ultraschalllaute, mit denen sie ihre Beute und Hindernisse ortet, sind allerdings für das menschliche Ohr nicht hörbar.

Der Feldhase

Ein Feldhase drückt sich mit dicht angelegten Ohren ins Gras. Sein Ruheplatz ist eine Mulde auf dem Feld oder auf der Wiese und heißt Sasse. Mit seinem bräunlichen Fell fällt der ruhende Hase kaum auf. Seine Augen sind weit geöffnet. Aufmerksam beobachtet der Feldhase die Umgebung. Wenn sich ein hungriger Fuchs nähert, schnellt der Feldhase blitzartig hoch und schießt mit Tempo 80 und unzählige Haken schlagend davon.

Steckbrief

- Größe: bis 70 cm lang
- Gewicht: 3–6 Kilogramm
- Auffällige Merkmale: sehr lange Ohren; sehr lange Hinterbeine; kurzer Schwanz
- Nahrung: Gräser, Kräuter, Rinden und Knospen
- Wissenswertes: bewohnt offene Felder; ruht tagsüber; Einzelgänger

Im Frühjahr sucht der Hase eine Partnerin

Recht turbulent ist die Zeit vor der Paarung. Biologen nennen sie Balzzeit. Sie dauert mehrere Tage lang. Dann versammeln sich zahlreiche männliche und weibliche Hasen an einem Ort. Sie verfolgen sich in wildem Lauf, beschnuppern sich gegenseitig und schlagen mit den Beinen nach dem Partner. Rund 40 Tage nach der Paarung bringt die Häsin bis zu 9 Junge auf die Welt. Sie wachsen rasch und sind im Alter von 9 Monaten erwachsen. Sind Feldhasen in großer Not, schreien sie wie Kinder.

Schau genau hin ...

Betrachte einmal aufmerksam den Kopf eines Hasen. Seine Augen sind nicht vorne im Gesicht wie bei uns, sondern sie liegen auf den Seiten. So kann er gleichzeitig nach vorne, nach hinten und seitlich schauen und sieht sofort, wenn sich mögliche Feinde nähern. Seitlich liegende Augen sind typisch für alle Säugetiere, die bei Gefahr fliehen.

Das Wildkaninchen

Steckbrief

- Größe: bis 45 cm lang
- Gewicht: 1–2 Kilogramm
- Auffällige Merkmale: sieht wie ein Hase mit kurzen Ohren und kurzen Hinterbeinen aus
- Nahrung: Gräser, Kräuter, Rinden, Knospen, Triebe und Wurzeln
- Wissenswertes: bewohnt selbst gegrabene Erdbaue; lebt in Kolonien oder Familiengruppen

Kaninchen und Hasen sehen sich ähnlich. Sie sind miteinander verwandt. Es gibt aber auch Unterschiede zwischen beiden. Kaninchen sind zum Beispiel geselliger als Hasen. Die zahlreichen Jungen verbringen Tag und Nacht zusammen mit Mutter, Vater und weiteren Kaninchenverwandten. Wildkaninchen ernähren sich häuptsächlich von Gras und Blattpflanzen. Im Winter nagen sie manchmal junge Bäume an.

Leben unter der Erde

In Gärten und Stadtparks graben Kaninchenfamilien ausgedehnte Höhlenbauten in den weichen Wiesenboden. Die Höhlen haben zahlreiche Ein- und Ausgänge. Droht Gefahr, sind sofort alle Kaninchen darin verschwunden. Im Bau gibt es weich gepolsterte Nester. Hier wirft jedes Weibchen bis zu sechs Mal im Jahr 5–12 nackte, blinde und hilflose Junge. Ein neugeborenes Wildkaninchen wiegt nur 50 Gramm. 4 Wochen lang wird es von der Mutter gesäugt. Nach 6 Monaten ist ein Wildkaninchen erwachsen.

Schau genau hin …

Dein Spielkamerad im Hasenstall ist in Wirklichkeit ein Kaninchen. Denn alle vom Menschen gezüchteten Stallhasen – vom Zwerghasen bis zu den großen Riesenrassen – stammen vom Wildkaninchen ab. Übrigens: Wildkaninchen wurden vor fast 2.000 Jahren von den Römern aus Spanien zu uns gebracht.

Der Biber

Biber leben gern an waldreichen Seen, Bächen oder Flüssen. Bäume braucht der Biber zum Leben. Mit seinen kräftigen und gewaltig großen Zähnen benagt er den Baumstamm rundherum, bis er wie eine Sanduhr aussieht. Bald fällt der Baum zum Wasser hin um. Nun kann der Biber die Rinde fressen. Viele Bäume transportiert er auch als Baumaterial zu seiner Biberburg.

Steckbrief

- Größe: bis 110 cm lang, dazu über 30 cm Schwanz
- Gewicht: 17–32 Kilogramm
- Auffällige Merkmale: breiter Schwanz; Schwimmhäute zwischen den Zehen; große Nagezähne
- Nahrung: Wasser- und Uferpflanzen, Baumrinde
- Wissenswertes: schwimmt und taucht ausgezeichnet; seine großen Nagezähne wachsen ständig nach

Holzfäller und Baumeister

Biber sind bekannt für ihre Bauwerke. Am Ufer oder mitten im See bauen sie aus Zweigen und Ästen eine Biberburg. Im Innern der Burg gibt es zahlreiche trockene Kammern. In einer wohnt die Biberfamilie, in anderen bewahrt sie Nahrung (Äste und Pflanzen) auf. Um in die Burg zu kommen, müssen die Biber tauchen. Alle Eingänge liegen unter Wasser. Sinkt der Wasserspiegel in dem Gewässer, in dem der Biber lebt, staut er das Wasser einfach auf: Er baut einen Staudamm aus Stämmen und Ästen und der fließende Bach wird zum kleinen See.

Schau genau hin ...

Der Biber hat einen breiten, flachen Schwanz. Biologen nennen ihn Kelle. Wenn du genau hinschaust, zum Beispiel bei deinem nächsten Zoobesuch, dann erkennst du auf dem Schwanz Schuppen. Deshalb dachten die Menschen früher, der Biber sei ein Fisch. Er ist aber – wie du – ein Säugetier. Mit dem Schwanz als Steuer und den paddelförmigen Füßen schwimmt und taucht der Biber.

Das Eichhörnchen

Steckbrief

- Größe: 20–30 cm lang, dazu 20 cm Schwanz
- Gewicht: 200–500 Gramm
- Auffällige Merkmale: langer buschiger Schwanz, im Winter auffällige Haarbüschel an den Ohren
- Nahrung: Bucheckern, Eicheln, Haselnüsse, Zapfen, Pilze, Beeren, Schnecken, Insekten
- Wissenswertes: guter Springer und Kletterer

Wenn ein Eichhörnchen den Winter überleben will, muss es im Herbst Tausende Nüsse, Eicheln, Tannen- und Fichtenzapfen sammeln und verstecken. Am liebsten nutzt es verlassene Vogelnester und Baumhöhlen als Vorratskammer. Doch da es nicht so viele verlassene Nester gibt, versteckt das Eichhörnchen die gesammelten Nüsse am Fuß großer Baumstämme. Nur dort sucht es im Winter nach Futter.

Leben in den Baumkronen

Hoch oben in der Baumkrone baut das Eichhörnchen aus Zweigen sein kugelförmiges Nest, das auch Kobel heißt. Den Boden polstert es mit Moos und Vogelfedern. Damit es nicht hineinregnet oder -zieht, verkleidet es die Wände mit Blättern. Hier verbringt das Eichhörnchen die Nacht und die meiste Zeit des Winters, eingekuschelt in seinen buschigen Schwanz. Doch sein Nest bietet ihm nicht genügend Schutz vor seinem größten Feind, dem Baummarder. Nähert sich einer, saust das Eichhörnchen blitzschnell aus dem Nest und hinauf in die höchsten Baumwipfel. Der Marder folgt ihm ebenso schnell. Um sich zu retten, springt das Eichhörnchen schließlich aus Höhen von bis zu 25 Metern hinunter auf den Boden und nutzt dabei seinen Schwanz als Fallschirm. Das würde ein Marder nie tun – und deshalb entkommt das Eichhörnchen.

Schau genau hin …

Beobachte einmal, wie ein Eichhörnchen einen Baumstamm hinaufklettert und von Ast zu Ast springt. Ohne seinen Schwanz könnte das Eichhörnchen dies nicht: Er hilft ihm, bei all seinen Klettermanövern stets die Balance zu halten.

Die Wanderratte

Früher gab es in Deutschland keine Wanderratten. Ihre Heimat waren die großen Steppen in Asien. Irgendwann vor vielen hundert Jahren schlossen sich einige von ihnen den Menschen an und verließen ihre asiatische Heimat. Sie wanderten aus und besiedelten neue Gegenden auf der ganzen Welt. So kam die Wanderratte vor rund 250 Jahren auch zu uns und verdrängte die kleinere Hausratte.

Steckbrief

- Größe: 18–28 cm, dazu 20 cm Schwanz
- Gewicht: 140–500 Gramm
- Auffällige Merkmale: runder, nackter Schwanz
- Nahrung: frisst alles, was sie findet
- Wissenswertes: überträgt Krankheiten; lebt heute da, wo früher die heimische Hausratte gelebt hat

Wanderratten lieben den feuchten Untergrund

Alte Keller, Vorratsräume, Abwasserrohre, Ställe und Müllplätze sind Rattenparadiese. Hier im feuchten, dämmrigen Untergrund leben die Wanderratten. Ein Rattenrudel besteht meist aus etwa 50 Tieren einer Familie. Jedes Mitglied hat seinen eigenen Geruch. Die Familie lebt sehr eng zusammen. Sie bewohnt gemeinsam einen weit verzweigten Höhlenbau, verteidigt ihr Revier gegen andere Rattenfamilien und zieht gemeinsam die Jungen auf. Ein Weibchen wirft bis zu 5 Mal im Jahr 7–15 Junge, die nackt auf die Welt kommen. Sie werden 3 Wochen lang gesäugt und verlassen dann zum ersten Mal den Bau. Ratten können quieken, piepen, fauchen und knurren. Sie sind gegenüber neuer Nahrung sehr misstrauisch. Deshalb ist es schwer, sie mit Ködern zu fangen.

Schau genau hin …

Wanderratten gibt es überall auf der Welt. Das hat seine Gründe: Ratten fressen alles, wirklich alles, was sie an Fressbarem finden: Samen, Früchte, Insekten, Würmer, Abfälle und Aas. Vielleicht glaubst du, in deiner Nähe leben keine Ratten. Das ist ein Irrtum. Du begegnest nur keiner, denn sie sind nachts unterwegs.

Die Feldmaus

Steckbrief

- Größe: 9–12 cm, dazu 4 cm Schwanz
- Gewicht: 20–40 Gramm
- Auffällige Merkmale: kurzer Schwanz, gelb- bis graubraun gefärbt
- Nahrung: grüne Teile von Gräsern und Kräutern, Samen, auch Spinnen und Insekten
- Wissenswertes: die bei uns bekannteste Wühlmaus

Ob eine trockene Wiese von Feldmäusen bewohnt wird oder nicht, kannst du ganz leicht selbst erkennen. Feldmaus-Wiesen sind von einem Gewirr von Mäusestraßen durchzogen. Wenn du dich im Sommer oder Herbst ganz still neben eine solche Mäusestraße setzt, siehst du vielleicht am Tag die kleinen Feldmäuse an dir vorbeihuschen. Die oberirdischen Laufstraßen führen zu den Eingängen der unterirdischen Baue.

Viele Tiere ernähren sich von Feldmäusen

Auch an den Rändern unserer Autobahnen fühlen sich Feldmäuse wohl. Deshalb kannst du dort auch so häufig Mäusebussarde und Turmfalken sehen. Feldmäuse stehen nämlich auf dem Speiseplan vieler Tiere: Dazu gehören zum Beispiel Waldohreulen, Rotfüchse, Wiesel und Hermeline.

Schau genau hin ...

Wenn du die Feldmäuse, die auf einer Wiese leben, über mehrere Jahre beobachtest, dann fällt dir sicher auf, dass es in manchen Jahren ganz viele Mäuse gibt, in anderen Jahren nur wenige. Das ist ganz natürlich und hängt davon ab, wie viel Nahrung die Feldmäuse finden und wie viele Feinde sie haben. Gibt es viele Feldmäuse, so finden Füchse und Greifvögel viel Nahrung. Deshalb können sie mehr Junge heranziehen, die dann natürlich mehr Mäuse jagen. Bald gibt es dann zu wenig Mäusenahrung für die Feinde und sie wandern weg oder verhungern. Dann kann sich der Mäusebestand erholen und es gibt immer mehr Mäuse.

Der Rotfuchs

Im Frühling gibt es bei den Rotfüchsen Nachwuchs. In ihrem Bau tief unter der Erde bringt die Fähe 3–5 blinde, hilflose Welpen zur Welt. Bei der Geburt wiegt so ein kleiner Fuchssäugling nur rund 100 Gramm. Das ist so viel wie eine Tafel Schokolade. Die Welpen wachsen rasch heran. Im Alter von 10 Tagen öffnen sich ihre Augen, 3 Wochen später spielen sie schon vor dem Bau.

Steckbrief

- Größe: 50–90 cm, dazu 30–50 cm Schwanz
- Gewicht: 2,5–10 Kilogramm
- Auffällige Merkmale: rotbraunes Fell; langer, buschiger Schwanz
- Nahrung: Mäuse, Vögel, Insekten, Aas, Obst und Beeren, in Städten auch Nahrungsabfälle
- Wissenswertes: lebt in Wäldern und Städten; männliche Füchse heißen Rüden, weibliche Fähen

Tollwut – eine gefährliche Krankheit

Neben Muttermilch bekommen junge Füchse auch fleischliche Kost, die von den Eltern vorgekaut wird. Nach einem halben Jahr verlassen die jungen Füchse ihre Eltern und suchen sich in einem entfernten Gebiet ein eigenes Revier.

Viele Füchse erkranken bei uns an Tollwut. Das ist eine Krankheit, an der sie sterben. Erkrankte Füchse nähern sich Menschen ohne Scheu. Sie übertragen die Krankheit auch auf uns, wenn sie uns beißen. Um die Gefahr für Füchse und Menschen zu verringern, werden Füchse gejagt und regelmäßig Schluckimpfungen durchgeführt: Dazu legt der Förster mit Impfstoff behandelte Futterstücke im Wald aus.

Schau genau hin …

Rotfüchse leben inzwischen in vielen Großstädten. Nachts streifen sie durch die leeren Straßen auf der Suche nach etwas zu fressen. Und das gibt es reichlich in den Abfalleimern. Zudem jagen sie Katzen und kleinere Tiere. Tagsüber ruhen sie versteckt auf Friedhöfen und an Bahndämmen.

Der Dachs

Steckbrief

- Größe: bis 90 cm lang, dazu 20 cm Schwanz
- Gewicht: bis 15 Kilogramm; im Herbst mit Winterspeck bis 25 Kilogramm
- Auffällige Merkmale: schwarz-weiße Streifen am Kopf
- Nahrung: Mäuse, kleine Vögel, Eier, Regenwürmer, Schnecken, Insekten, Pilze, Obst, Nüsse, Beeren
- Wissenswertes: lebt im Wald; sieht schlecht; kann hervorragend riechen

Tagsüber sind Dachse selten zu sehen. Erst nach Sonnenuntergang werden sie munter. Dann ist Nahrungssuche angesagt. Als Einzeljäger unterwegs spüren sie mit ihrer guten Nase alles auf, was genießbar ist. Sie graben Kaninchen- und Mäusenester aus, öffnen Hummel- und Wespennester, suchen im Regen die Wiesen nach Regenwürmern ab und plündern die Nester von Vögeln, die am Boden brüten.

Die Dachsburg im Wald

Die Dachsfamilie wohnt in einem unterirdischen Bau, der weit verzweigt ist: Die etwa 15 Eingänge führen über 10 Meter lange Fluchtröhren zu Höhlen und Gewölben, die in mehreren Stockwerken übereinander bis in 5 Meter Tiefe reichen. Die Schlafhöhlen sind weich mit Moos, Laub und Heu ausgepolstert. Für die Jungen, die in ihren ersten Lebensmonaten den Bau nicht verlassen, gibt es sogar eine separate Höhle mit Lüftungsschacht, in der sie ihren Kot absetzen. Vor der Höhle, in der die Jungen sich aufhalten, liegt ein Wachraum: Hier wohnt der Dachsvater bei Gefahr. Nähert sich ein Feind, und sei es der Dackel des Jägers, bekommt er das kräftige Dachsgebiss zu spüren.

Schau genau hin ...

Das schwarz-weiß gestreifte Gesicht des Dachses erinnert an einen Zebrastreifen. Warum sein Gesicht gestreift ist, wissen wir noch nicht. Vielleicht erkennen die Dachse daran im Dunkeln ihre Artgenossen. Der Waschbär, der ebenfalls nachts auf Beutejagd geht, hat übrigens auch solche Streifen im Gesicht.

Der Braunbär

In Deutschland kann man Braunbären heute leider nur noch im Zoo bestaunen. Früher lebten auch in unseren Wäldern Braunbären. Doch vor über 100 Jahren erschossen die Menschen so viele Braunbären, dass sie bei uns fast ausgerottet wurden. In Europa leben Braunbären heute nur noch in wenigen Nationalparks, wie zum Beispiel südlich von Rom. Viele Braunbären gibt es in der freien Natur in Amerika und in Kanada.

Steckbrief

- Größe: 2–3 Meter lang
- Gewicht: 150–780 Kilogramm
- Auffällige Merkmale: kurze Ohren, dichtes Fell
- Nahrung: Gräser, Kräuter, Obst, Nüsse, Honig, Insekten, Fische, Mäuse, große Huftiere, Aas
- Wissenswertes: Einzelgänger; hält Winterschlaf

Schau genau hin …

Wenn im späten Herbst die Nahrung knapp wird und die Temperaturen unter den Gefrierpunkt sinken, ist es für den Braunbären Zeit, Winterschlaf zu halten. In den vergangenen Monaten hat er sich schon eine dicke Fettschicht angefuttert. Nun begibt er sich in seine Höhle und rollt sich auf dem dick mit weichen Pflanzen gepolsterten Boden ein. Er fällt in einen tiefen Schlaf. Dabei schlägt sein Herz kaum noch und er atmet wenig. In den nächsten 4–5 Monaten wird er nichts essen und nichts trinken. Wenn im Frühling der Schnee schmilzt, wacht er auf. In die Sonne blinzelnd begibt sich der hungrige Bär sofort auf die Suche nach etwas zu fressen. In den Zoos halten Bären keinen Winterschlaf. Die Ställe sind zu warm und Futter gibt es hier auch in der kalten Jahreszeit reichlich.

Bärenschule bei der Mutter

Die ersten Lebensjahre verbringen die Bärenjungen bei ihrer Mutter. Von ihr lernen sie alles, was Bären wissen müssen: wie man Elche oder Karibus jagt, wie man Fische fängt und wie man an den leckeren, von stechenden Bienen bewachten Honig gelangt. In den nordamerikanischen Naturparks verköstigen sie sich oft gemeinsam mit der Mutter an den Abfallhaufen der Parkbesucher.

Der Fischotter

Steckbrief

- Größe: 55–95 cm, dazu 30–55 cm Schwanz
- Gewicht: 5–12 Kilogramm
- Auffällige Merkmale: schlanker Körper; Schwimmhäute zwischen Fingern und Zehen
- Nahrung: Fische, Krebse, Muscheln, Frösche, Mäuse, Würmer
- Wissenswertes: lebt an Flüssen, Teichen und Seen; geht im Wasser auf Jagd; ruht tagsüber in Verstecken am Ufer

Einen Fischotter wirst du in der freien Natur kaum zu Gesicht bekommen. Er führt nämlich ein recht verborgenes Leben an Flüssen und Seen, deren Ufer reich mit Bäumen, Sträuchern und niedrigen Pflanzen bewachsen sind. Sein Revier erstreckt sich über mehrere Kilometer am Ufer entlang. Hier hat der Fischotter zahlreiche Verstecke zum Ruhen sowie feste Plätze zum Sonnen und Im-Sand-Wälzen.

Vorzüglicher Jäger unter Wasser

Sein langer, kraftvoller Ruderschwanz und die Schwimmhäute an den Pfoten zeigen dir: Der Fischotter fühlt sich im Wasser wohl. An der Wasseroberfläche paddelt er mit allen Vieren. Blitzschnell taucht er ab und jagt nun unter Wasser nach Fischen und anderen Tieren. Seinen Weg unter Wasser kannst du an den aufsteigenden Luftblasen verfolgen. Seine Tauchgänge dauern meist 1–2 Minuten, manchmal auch 5 Minuten. Danach muss der Otter an die Oberfläche zum Atmen. Fische fängt er mit dem Maul, schafft sie an Land und verzehrt sie dort. Täglich erbeutet er zwischen 750 und 1.500 Gramm Nahrung. Im Winter taucht der Fischotter lange Strecken unter dem Eis und findet ohne Probleme die Löcher in der Eisdecke wieder.

Schau genau hin …

Der Fischotter sieht so ähnlich aus wie ein Steinmarder. Tatsächlich sind die beiden nahe Verwandte und gehören zusammen mit Hermelin, Wiesel und Iltis zu den Mardern. Das ist eine Gruppe von Säugetieren, die als Räuber hauptsächlich andere Tiere erbeutet. Alle sind schnelle und wendige Läufer, „wieselflink“ eben.

Der Steinmarder

Viele Menschen ärgern sich über Steinmarder, wenn morgens ihr Auto nicht anspringt, weil die Kabel durchgebissen sind. Dann hat es sich über Nacht ein Steinmarder im warmen Motorraum gemütlich gemacht. Aus purer Neugierde hat der pfiffige Bursche mal in dieses, mal in jenes Kabel gebissen – beißend und nagend erkunden Marder nun einmal von Natur aus ihre Umgebung.

Steckbrief

- Größe: 40–60 cm, dazu 25–30 cm Schwanz
- Gewicht: 1.100–2.400 Gramm
- Auffällige Merkmale: schlank und wendig, buschiger Schwanz, weißer Fleck an der Kehle, rosa Nase
- Nahrung: Mäuse, Kaninchen, Vögel, Eier, Eidechsen, Frösche, Insekten, Obst, Nüsse
- Wissenswertes: lebt an Waldrändern, in Steinbrüchen, Parks und Gärten; ruht tagsüber

Steinmarder leben mitten unter uns

Sie bewohnen gerne Scheunen, Schuppen, Lagerhallen und Dachböden, sogar in der Innenstadt. Auf ihren nächtlichen Streifzügen erbeuten sie alles, was fressbar ist. Eier lieben sie ganz besonders. Deshalb besuchen Steinmarder gern Hühnerställe. Sind die Hühner den Eindringling gewöhnt, kann dieser in Ruhe ein paar Eier stehlen – und den Hühnern passiert nichts. Wenn sich aber ein Huhn erschreckt und dadurch das ganze Hühnervolk in helle Aufregung gerät, wird der Steinmarder zum unfreiwilligen Mörder: Instinktiv kann er in dem Chaos nichts anderes tun, als nach allem zu schnappen, was sich bewegt. Ab Mai gibt es bei den Steinmardern Nachwuchs: Dann kommen 3–8 Junge auf die Welt.

Schau genau hin ...

Wenn es auf deinem Dachboden nachts holpert und poltert, dann lebt dort womöglich eine Steinmarder-Familie. Wie neugierige kleine Kinder untersuchen sie ihr ganzes Leben lang alles, was es um sie herum gibt. Das geht meist nicht lautlos vonstatten, wenn sie dabei Kisten umwerfen oder Dosen von den Regalen stoßen.

Das Hermelin

Steckbrief

- Größe: 17–33 cm, dazu 5–13 cm Schwanz
- Gewicht: 110–350 Gramm
- Auffällige Merkmale: im Sommer braun gefärbt; im Winter ganz weiß; Schwanzspitze das ganze Jahr über schwarz
- Nahrung: Mäuse, Vögel, Eier, Eidechsen, Frösche
- Wissenswertes: heißt auch Großwiesel; lebt in abwechslungsreichen Landschaften mit Wiesen, Hecken und Gewässern

Das Hermelin ist ein kleiner Räuber, der zur Familie der Marder gehört, und meist auf dem Boden lebt. Obwohl das Hermelin geschickt klettern kann, meidet es Baumwipfel. Viel lieber geht es unter der Erde auf Jagd und erbeutet Mäuse. Im Winter trägt das Hermelin ein rein weißes Fell. Nur seine Schwanzspitze ist das ganze Jahr über schwarz gefärbt. Wenn Schnee liegt, ist das Hermelin perfekt getarnt.

Jedes Hermelin bewohnt ein großes Revier

Wie bei den meisten Tieren üblich, bewohnt auch jedes Hermelin ein eigenes Revier. Die Revierbesitzer vertreiben heftig jeden Artgenossen des gleichen Geschlechts, der es wagt, einzudringen. Die Reviergrenzen werden durch Duftmarken gekennzeichnet. Das Hermelin reibt Bäume, Steine und andere Gegenstände entlang der Grenze mit seinem Duft ein, der in Körperdrüsen am Po produziert wird. Eindringlinge riechen dann, dass hier schon jemand wohnt, und verziehen sich meist.

Hermelin

Mauswiesel

Schau genau hin …

Bei uns lebt noch ein kleineres Tier, das dem Hermelin sehr ähnlich ist: das Mauswiesel. Mit einer Körperlänge von nur 26 cm und einem Gewicht von 200 Gramm ist es das kleinste Raubtier auf der ganzen Welt. Es kann selbst in die allerengsten Mauselöcher ganz bequem hineinschlüpfen.

Der Seehund

Wenn du bei uns Seehunde in freier Natur sehen willst, musst du an die Nordsee reisen. Die meiste Zeit des Jahres verbringen die Seehunde weit draußen auf dem Meer. Hier machen sie unter Wasser Jagd auf Fische und Krebse. Dazu tauchen sie bis zu 90 Meter tief. Seehunde können 30 Minuten lang unter Wasser sein. Ihr dichtes Fell und die dicke Speckschicht schützen sie vor dem kalten Meerwasser.

Steckbrief

- Größe: 120–190 cm lang
- Gewicht: 45–150 Kilogramm
- Auffällige Merkmale: typische Robbengestalt; große Augen
- Nahrung: Fische, Tintenfische, Krabben
- Wissenswertes: können im trüben Wasser der Nordsee gut sehen; Robbenbabys werden wegen ihrer heulenden Laute Heuler genannt

Kinderstube im Wattenmeer

Im Sommer ruhen sich Seehunde auf den flachen Sandbänken im Wattenmeer aus. Hier bringt auch das Weibchen ihr Junges auf die Welt. Das Robbenbaby kommt mit einem dichten Fell auf die Welt. Schon wenige Stunden nach der Geburt folgt es seiner Mutter ins Meer. Robbenmilch ist besonders fetthaltig und das Junge wird rasch groß. Im Alter von 6 Wochen ist der kleine Seehund selbstständig. Er verlässt die Mutter und schließt sich gleichaltrigen Seehunden an.

Schau genau hin ...

Sicher hast du schon einmal Robben im Zoo bestaunt. Bei der Fütterung zeigen Robben, wie gewandt sie aus dem Wasser springen und einen Fisch in der Luft fangen können. Sie lernen solche Kunststücke gern, denn sie bewegen sich dabei wie du in deiner Sportstunde. Oft ruhen sich Robben im Zoo auch den ganzen Tag aus, wenn es nichts Besonderes zu tun gibt. In der freien Natur können sie allerdings meist nur ein paar Stunden lang faulenzen, denn sie müssen Nahrung suchen, ihre Jungen aufziehen oder vor Feinden fliehen.

Das Wildschwein

Steckbrief

- Größe: 90–160 cm
- Gewicht: 35–190 Kilogramm
- Auffällige Merkmale: großer Kopf mit kräftigen Zähnen und beweglichem Rüssel
- Nahrung: Wurzeln, Pilze, Gräser, Eicheln, Aas, Insektenlarven
- Wissenswertes: Eine Wildschweinherde heißt Rotte; das Männchen Keiler; das Weibchen Bache und die Jungen Frischlinge

Wildschweine sind sehr scheu. Obwohl sie in unseren Wäldern zu den häufigsten großen Tieren gehören, siehst du sie meist nur, wenn sie in einem Wildgehege gehalten werden. Tagsüber ruhen sie. Nachts begeben sie sich auf Nahrungssuche. Mit ihrer rüsselförmigen Schnauze durchwühlen sie das Erdreich auf der Suche nach Insektenlarven, Würmern sowie Wurzeln und Eicheln.

Nachwuchs bei den Wildschweinen

Im Frühling baut die Bache ein Nest: Im dichten Gestrüpp polstert sie eine tiefe Erdmulde dick mit Zweigen, Gras und Laub aus. Nach 4 Monaten Schwangerschaft bereitet sie sich auf die Geburt vor. Und bald kommen 4–8 Wildschweinbabys auf die Welt. In den ersten Tagen bleiben die gestreiften Frischlinge im schützenden Nest. Nach wenigen Tagen unternehmen sie die ersten Ausflüge und durchwühlen bald wie ihre Mutter den Boden. Wenn du eine Bache mit Frischlingen siehst, musst du vorsichtig sein: Fühlt sie ihre Jungen von Menschen bedroht, greift sie sofort an.

Schau genau hin …

Mit ihrem fast haarlosen Körper, ihrem Ringelschwanz und den Schlappohren sehen unsere Hausschweine kaum noch den Wildschweinen ähnlich. Dennoch stammen sie von ihnen ab. Vor rund 9.000 Jahren nahmen Menschen Wildschweine in ihre Obhut. So wurden die Hausschweine gezüchtet, die heute in vielen, völlig verschieden aussehenden Rassen auf der ganzen Welt leben.

Das Reh

Rehe sind vor allem in der Morgen- und Abenddämmerung aktiv. Siehst du im Wald Rehe, ist dies meist eine Mutter mit ihren Jungen. Nur im Winter, wenn die Nahrung knapp wird, bilden Rehe eine größere Gruppe. Dann tragen sie statt des rotbraunen Sommerfells ein dickes graubraunes Winterfell. Die Männchen erkennst du an dem Geweih, das jedes Jahr im Herbst abgeworfen wird und über den Winter neu am Kopf wächst.

Steckbrief

- Größe: 100–140 cm
- Gewicht: bis 30 Kilogramm
- Auffällige Merkmale: weißer Po; Männchen mit kleinem Geweih; Weibchen geweihlos
- Nahrung: Laub, Kräuter, Knospen, Gras, Früchte, Samen
- Wissenswertes: lebt in Wäldern und auf Wiesen

Rehkitz im getupften Tarnkleid

Mit seinem weiß getupften Fell liegt das kleine Rehkitz eingerollt auf der Wiese. Seine Mutter frisst auf dem Feld nebenan Kräuter. Sie kommt bald zurück, um das Junge zu säugen. Zum Schutz vor feindlichen Füchsen hat das Kitz noch nicht den typischen Rehgeruch von ausgewachsenen Tieren. Droht Gefahr, duckt es sich auf den Boden und verharrt reglos. Erst bei Berührung fiept es in den höchsten Tönen nach der Mutter. Sie eilt meist sofort herbei und verteidigt ihr wehrloses Junges mit kräftigen Huftritten. Bald folgt das Kitz der Mutter und lernt von ihr, welches Kraut schmeckt und welches nicht.

Schau genau hin …

Jedes Reh hat am Po einen kreisrunden weißen Fleck. Dieser Fleck heißt Spiegel. Er hat eine große Bedeutung für den Zusammenhalt eines Rehrudels. Auf der Flucht vor Feinden folgt jedes Reh einfach diesem auffallenden hellen Fleck seines vorauslaufenden Artgenossen. So bleibt das Rudel stets geschlossen.

Der Rothirsch

Steckbrief

- Größe: 180–250 cm
- Gewicht: 70–300 Kilogramm
- Geweihgewicht: bis 16 Kilogramm
- Auffällige Merkmale: Männchen mit großem Geweih; Weibchen geweihlos
- Nahrung: Gräser, Kräuter, Nadeln, Knospen, Triebe, Rinde
- Wissenswertes: Weibchen mit Jungen und Männchen leben in getrennten Rudeln

Jeder männliche Hirsch trägt ein Geweih, das aus Knochen besteht. Im Februar wirft der Hirsch sein Geweih ab. Schon kurze Zeit später schiebt sich langsam unter einer schützenden Haut, die Bast heißt, ein neues Geweih hervor. Das ist noch größer als das vom Vorjahr und weist auf jeder Seite meist 2 Spitzen mehr auf. Große Hirsche heißen Sechzehnender, weil jeder der beiden Geweihäste 8 Enden hat.

Hirsche sind auch Wiederkäuer

Die meiste Zeit des Tages verbringen Rothirsche mit Fressen. Um mehr Nährstoffe aus ihrer Nahrung zu gewinnen, haben Hirsche – wie Kühe und viele andere Huftiere – einen zusätzlichen Magen. Ist dieser voll, würgen sie die pflanzliche Kost hoch und kauen sie im Maul ein zweites Mal durch. Alle Säugetiere, die dies tun, werden deshalb Wiederkäuer genannt. Im Juni kommt das Junge zur Welt.

Schau genau hin …

Im Herbst kannst du im Wald das laute Röhren der Rothirsche hören. Dann ist Paarungszeit und die Männchen kämpfen heftig um die Weibchen. Dabei kommen natürlich auch die spitzen Geweihe zum Einsatz. Schwere Verletzungen sind jedoch selten, weil die stark verzweigten Geweihe die größten Stöße auffangen und dämpfen. Bei diesen Kämpfen gewinnt fast immer das ältere Männchen.

Heimtiere und Nutztiere

Die Tiere, die vertraut mit uns Menschen zusammenleben, heißen Haustiere. Dabei unterscheidet man Heimtiere (wie zum Beispiel Hunde, Katzen, Wellensittiche, Meerschweinchen) und Nutztiere (wie etwa Rinder, Schafe, Schweine und Ziegen).

Aus Wildtieren wurden Haustiere

Vor vielen tausend Jahren gab es noch keine Haustiere, sondern nur Wildtiere, die in der freien Natur lebten. Wildschweine durchstreiften die Wälder, und Wölfe gingen in Rudeln auf die Jagd. Die Menschen wurden sesshaft und fingen an, Ackerbau und Viehzucht zu betreiben.

Haustiere und ihre wilden Vorfahren

- Hund – Wolf
- Katze – Falb- oder Wildkatze
- Schaf – Mufflon, Arkal (Wildschafe)
- Rind – Auerochse
- Ziege – Bezoarziege
- Pferd – Wildpferd
- Schwein – Wildschwein
- Stallhase – Kaninchen

Unsere Haustiere

Erste Schafe und Ziegen kamen vor 9.000 Jahren zu den Menschen, Rinder vor 8.500 Jahren. Später wurden auch Esel, Schwein und Pferd zu Haustieren.
Durch den Einfluss des Menschen haben sich Haustiere gegenüber ihren wilden Vorfahren stark verändert. Sie sehen anders aus und sind empfindlicher.

Das Halten von Tieren war und ist für die Menschen sehr nützlich. Von Rindern, Schafen und Ziegen bekommen wir Milch, Fleisch, Felle und Wolle. Von den Hühnern erhalten wir Eier und mit Pferden konnte man früher die Felder leichter bebauen.

Der Hund ist das älteste Haustier

Vor 12.000 Jahren haben Menschen junge Wölfe als Spielgefährten in ihre Behausungen aufgenommen. Die jungen Wölfe wurden erwachsen und bekamen selbst Junge, die auch bei den Menschen blieben. So entstand der Haushund.

Haustiere, die keine Säugetiere sind

- Hausgans
- Hausente
- Haushuhn
- Truthahn (Pute)
- Brieftaube
- Kanarienvogel
- Wellensittich
- Zebrafink
- Zierfische
- Honigbiene

Vögel haben wie Säugetiere stets eine gleich warme Körpertemperatur. Ihr Körper ist mit Federn bedeckt und dadurch gut vor Wind, Kälte und Nässe geschützt. Vögel haben keine Vorderbeine; diese sind zu Flügeln umgebildet. Weil sie kräftige Flugmuskeln haben und ihre Knochen ganz leicht sind – sie sind innen hohl –, können Vögel fliegen.

Was ist ein Vogel?

Der Schnabel besteht aus leichtem Horn. Vögel brauchen energiereiche Nahrung, denn das Fliegen kostet sie viel Kraft.

Vögel gibt es überall

Vögel kannst du jeden Tag und überall beobachten. Laut schimpfend huscht eine Amsel durch den Garten, auf den Wiesen gehen Graureiher auf Mäusejagd, Mäusebussarde sitzen am Straßenrand und im Winter erfreuen dich Meisen und Finken am Futterhaus. Bei einigen Vogelarten, wie zum Beispiel den Stockenten (siehe Seite 96), sind das Gefieder und der Schnabel des Männchens anders gefärbt als beim Weibchen. Die Gefiederfarbe und -zeichnung von Jungvögeln unterscheidet sich oft von der der Eltern. So zum Beispiel bei den Blässhühnern (siehe Seite 97).

Alle Vögel legen Eier

Vogeljunge wachsen in einem Ei heran. Bevor Vögel Eier legen, bauen sie sich ein Nest aus Zweigen und polstern es innen mit Moos oder Federn, damit die Eier nicht herausfallen. Die Eier haben meist eine ähnliche Farbe wie das Nest, so dass sie keine Feinde anlocken. Vögel brüten ihre Eier bei einer Temperatur von ungefähr 34 Grad Celsius aus.

Daran erkennst du eindeutig einen Vogel

- Körper mit Federn bedeckt
- Vorderbeine/Arme zu Flügeln umgebildet
- Schnabel aus Horn
- Leichte Knochen, die innen hohl sind

Der Weißstorch

Im März kommt der Weißstorch aus seinem Winterquartier in Afrika zu uns zurück. Er fliegt zu dem Nest, in dem er schon im letzten Jahr gebrütet hat. Meist trifft der Storch dort auch seine Partnerin wieder. Sie begrüßen sich mit lautem Schnabelgeklapper und werfen dabei den Kopf zurück. Störche bauen ihre Nester meist mitten in unseren Dörfern oder Städten. Am liebsten brüten sie auf Dächern und Telefonmasten.

Steckbrief

- Größe: 95–110 cm
- Gewicht: 2,3–4,4 Kilogramm
- Auffällige Merkmale: roter Schnabel, langer Hals, schwarz-weißes Gefieder
- Nahrung: Frösche, Mäuse, Regenwürmer, große Insekten
- Wissenswertes: brütet in menschlichen Siedlungen; fliegt mit gerade ausgestrecktem Hals; segelt hervorragend

Kinderstube auf dem Dach

Nun steht dem Storchenpaar viel Arbeit bevor: Zunächst bessern sie das große Nest mit Ästen und Zweigen aus. Das Weibchen legt 3–5 Eier. 32 Tage lang brüten die beiden Störche abwechselnd, bis dann eines Morgens die Jungen schlüpfen. Unermüdlich bringen die Eltern nun Futter heran. Wenn die kleinen Störche 7 Wochen alt sind, unternehmen sie die ersten Flugstunden: Die Eltern zeigen ihren Jungen, wie man startet und landet und wie man die günstigen Aufwinde zum Segelfliegen nutzt. Dabei verunglücken leider viele Jungstörche, weil sie in Strom- und Telefonleitungen hängen bleiben. Schon im August verlassen uns die jungen Störche und fliegen in den Süden. Ihre Eltern folgen erst im September.

Schau genau hin ...

Störche leben in der Nähe von Wiesen und Sümpfen, weil sie dort genügend Nahrung (große Insekten, Mäuse und Frösche) finden. In Deutschland sieht man Störche leider selten, da ihre Lebensräume (zum Beispiel durch das Trockenlegen und Bebauen von Feuchtwiesen und Sümpfen) häufig zerstört wurden.

Der Graureiher

Steckbrief

- Größe: 85–100 cm lang
- Gewicht: 1–2 Kilogramm
- Auffällige Merkmale: sehr groß, lange Beine, spitzer Schnabel, graues Gefieder
- Nahrung: bis 30 cm lange Fische, Frösche, Mäuse, Würmer, Schnecken
- Wissenswertes: steht regungslos im flachen Wasser und lauert auf Beute; fliegt mit S-förmig eingezogenem Hals

Jeden Tag frisst ein Graureiher rund 500 Gramm Nahrung. So viel wiegen zum Beispiel 17 Mäuse. Und die müssen erst einmal erbeutet werden. Wie ein Graureiher jagt, kannst du an Gewässern mit flachen Ufern, an Gräben, aber auch auf Wiesen und Feldern beobachten. Reiher sind in unseren menschlichen Siedlungen nämlich gar nicht so selten. Man sieht sie oft an Parkteichen.

Der Graureiher bei der Jagd

Wenn der Graureiher Fische oder Mäuse jagt, tut er das reglos lauernd: Unbeweglich steht er im seichten Wasser oder auf der Wiese und wartet. Nähert sich ihm ein Beutetier, stößt er blitzschnell mit seinem Schnabel zu, packt die Beute, schüttelt sie, wirft sie hoch, fängt sie mit dem Schnabel und frisst sie auf. Manchmal schreitet der Graureiher auf seiner Jagd auch bedächtig durch das flache Wasser. Seinen Hals streckt er dabei ganz weit nach vorne und späht nach Fischen. Hoch oben in den Bäumen baut der Graureiher sein Nest aus Ästen und Zweigen. Das Nest wird auch Horst genannt.

Schau genau hin …

Graureiher leben das ganze Jahr über bei uns. Besonders gern besuchen sie die menschlichen Siedlungen im Winter, wenn das Futter in der freien Natur knapp wird. Dann fischen sie gern an den Park- und Gartenteichen, in denen Fische leben. Wenn du in deiner Stadt einen wirklich großen Vogel fliegen siehst, ist das bestimmt ein Graureiher.

Die Stockente

Hast du dich schon einmal gefragt, wo im Sommer die prächtig gefärbten Männchen der Stockenten sind? Da ihr Gefieder von Juni bis August nicht bunt, sondern braun ist, fallen sie zwischen den braun gefärbten Weibchen kaum auf. Biologen nennen das Schlichtkleid. In dieser Zeit kannst du die Erpel (männlichen Enten) nur an ihrem grünlich gelben Schnabel erkennen.

Steckbrief

- Größe: 50–65 cm lang
- Gewicht: 750–1500 Gramm
- Auffällige Merkmale: Männchen von September bis Mai mit grünem Kopf, Weibchen braun
- Nahrung: Samen, Pflanzenteile, im Wasser lebende Insektenlarven, Schnecken, Würmer und Kleinkrebse
- Wissenswertes: größte heimische Ente; Männchen heißen Erpel

Männchen im Prachtkleid

Erst im September legen die Erpel ihr buntes Prachtkleid an. Die alten, abgenutzten Federn fallen aus und neue wachsen nach. Nun erkennst du die Erpel ganz leicht an ihrem grün schillernden Kopf mit dem weißen Ring um den Hals und den kleinen Locken am Schwanz. Im Herbst und Winter gehen die Männchen auf Brautschau. Dabei geht es oft recht laut zu: Mehrere Erpel werben um ein Weibchen. Hat sich ein Paar gefunden, schwimmt es einträchtig nebeneinanderher. Versteckt zwischen Uferpflanzen baut das Weibchen ein Nest und brütet die Eier aus. Sofort nach dem Schlüpfen verlassen die Küken mit ihrer Mutter das Nest. Deshalb nennt man die Jungen Nestflüchter.

Schau genau hin ...

Stockenten schwimmen bei uns fast auf jedem Gewässer. Sie sind zahm und lassen sich mit altem Brot füttern. Manchmal paart sich die Stockente auch mit einer Hausente. Die Jungen der beiden erkennst du daran, dass ihr Gefieder viele braune Flecken hat.

Das Blässhuhn

Steckbrief

- Größe: 36–40 cm lang
- Gewicht: 600–900 Gramm
- Auffällige Merkmale: schwarzes Gefieder, weißer Schnabel mit weißer Stirn, Zehen mit Schwimmlappen an den Seiten
- Nahrung: Algen, Gras, Wasserpflanzen, junge Schilfhalme, auch Muscheln, Schnecken, Insekten und Würmer
- Wissenswertes: Wasservogel; schwimmt auf dem Wasser mit ständig nickenden Kopfbewegungen

Lauthals zanken sich Blässhühner im Winter mit Stockenten und Höckerschwänen im Teich um das Futter. In der kalten Jahreszeit sind Blässhühner häufige Gäste in unseren Städten. Sie schwimmen langsam auf dem Wasser und nicken dabei ständig mit ihrem Kopf. Oft verschwinden Blässhühner mit einem kleinen Kopfsprung unter der Wasseroberfläche und tauchen nach Nahrung.

Im Frühjahr sind Blässhühner aggressiv

Im Frühjahr beginnt die Paarungszeit. Jedes Paar besetzt ein Gebiet im Uferbereich eines Gewässers und verteidigt es heftig. Nähert sich ein anderes Blässhuhn diesem Revier, streckt der Revierbesitzer den Kopf weit nach vorne. Er stellt seine Flügel hoch, um größer auszusehen, und schwimmt laut rufend auf den Eindringling zu. Biologen nennen dieses Verhalten Drohschwimmen. Meist ergreift der Eindringling dann die Flucht. Gemeinsam baut das Paar nun ein Nest zwischen den Uferpflanzen. Manchmal errichten sie sogar im flachen Wasser eine kleine Insel für ihr Nest. Das Männchen bringt verschiedene Pflanzenteile, aus denen das Weibchen das Nest baut. Beide bebrüten die Eier und kümmern sich um den Nachwuchs mit den feuerroten Köpfen.

Schau genau hin ...

Beobachte einmal, wie ein Blässhuhn von der Wasseroberfläche startet. Es kann nämlich nicht einfach losfliegen, sondern muss erst Anlauf nehmen. Dazu hebt es zunächst seinen Oberkörper aus dem Wasser empor. Dann schlägt es wild mit den Flügeln und läuft platschend eine längere Strecke rasend schnell über das Wasser.

Der Höckerschwan

In der Brutzeit verteidigt das Männchen sein Revier. Schwimmt dir ein Schwan mit hoch aufgestellten Flügeln entgegen, ziehst du dich am besten sofort zurück. Er kann mit seinem Schnabel kräftig beißen. Das Revier eines Schwanenpaares ist sehr groß, damit sich die künftige Familie ausreichend mit Nahrung versorgen kann. Hat sich ein Paar gefunden, bleibt es das ganze Leben zusammen.

Steckbrief

- Größe: 145–160 cm lang
- Gewicht: 6–15 Kilogramm
- Auffällige Merkmale: weißes Gefieder, roter Schnabel mit schwarzem Höcker (beim Männchen größer)
- Nahrung: Wasser- und Sumpfpflanzen
- Wissenswertes: fliegt mit singendem Fluggeräusch; ein Paar bleibt zeitlebens zusammen; größter und schwerster Schwimmvogel Europas

Nachwuchs bei den Schwänen

Im Schilf liegt das bis zu 2 m große Nest. Hier legt das Weibchen seine 5–8 Eier. Nach 5 Wochen schlüpfen die grauen Küken. Schon nach einem Tag können sie schwimmen. Sie lassen sich aber auch gern auf dem Rücken ihrer Eltern nieder und so über das Wasser führen. Erst nach 2 Jahren wird aus dem hässlichen grauen „Entlein“, das du vielleicht aus dem Märchen kennst, ein anmutiger, weißer Schwan. Bei uns gibt es mittlerweile mehr Schwäne als Teiche. Deshalb finden nicht alle Schwäne ein eigenes Revier und können daher keine Familie gründen. Sie leben in großen Scharen ohne Nachwuchs zusammen.

männlicher Altvogel

Jungvogel

Schau genau hin ...

Schwäne suchen ihre Nahrung unter Wasser. Sie erreichen dank ihres langen Halses selbst Wasserpflanzen im metertiefen Wasser. Auch Enten ernähren sich auf diese Weise, die man „gründeln“ nennt. Gelegentlich watscheln Schwäne auch an Land und zupfen Grashalme ab. Aufgrund ihres großen Gewichts müssen sie Anlauf nehmen, bevor sie losfliegen können.

Die Graugans

Steckbrief

- Größe: 75–90 cm lang
- Gewicht: 2,5–4 Kilogramm
- Auffällige Merkmale: hellgraues Gefieder mit orangefarbenem Schnabel und orangefarbenen Beinen
- Nahrung: Gräser, Kräuter, Wurzeln, Knollen, Samen, Wasserpflanzen
- Wissenswertes: Gänse bilden oft eine V-förmige Flugformation; der Vater heißt Ganter, die Jungen Gössel

Seit der bekannte Verhaltensforscher Konrad Lorenz vor rund 50 Jahren das Verhalten der Graugänse studierte, sind diese Vögel sehr bekannt. Konrad Lorenz lebte zusammen mit vielen Graugänsen in einer Forschungsstation an einem Fluss. Der Verhaltensforscher beobachtete die Tiere jeden Tag und lernte viel darüber, wie sie miteinander leben und wie sie ihre Jungen aufziehen.

Das Grauganspaar bleibt für immer zusammen

Haben sich ein Männchen und ein Weibchen gefunden, bleiben sie das ganze Leben lang zusammen. Die Jungen leben so lange bei ihren Eltern, bis diese im darauf folgenden Jahr erneut brüten. Während das Weibchen auf dem erhöhten Nest am Ufer sitzt, wird es vom Männchen bewacht. Bei Gefahr ertönt ein lauter „Trompetenstoß“. Wenn alles in Ordnung ist, unterhalten sich die beiden mit tiefen „aahng-aahng-ang“-Lauten. Ist dann die ganze Gänsefamilie unterwegs, läuft sie im Gänsemarsch: vorn die Mutter, gefolgt von den Jungen und dem Vater.

Schau genau hin …

Unsere weißen Hausgänse stammen von den Graugänsen ab. Sie haben einige Verhaltensweisen mit ihren wilden Vorfahren gemeinsam: Mit gestrecktem Hals oder angehobenen Flügeln versuchen sie, einem Gegner zu drohen. Der Gegner kann eine andere Gans, ein größeres Tier oder ein Mensch sein. Gänse verstehen diese Geste und ziehen sich zurück, bevor es zum Kampf kommt. Menschen, die diese Geste nicht verstehen, werden manchmal gebissen.

Der Mäusebussard

Mit klagenden „hijäh"-Rufen kreist ein Mäusebussard im Segelflug hoch in der Luft und sucht den Boden nach Beute ab. Hat er ein Kaninchen oder eine Maus entdeckt, bleibt er in der Luft stehen und schlägt dabei ganz schnell mit seinen Flügeln. Dann legt er seine Flügel pfeilförmig an und schießt fast senkrecht nach unten. Mit seinen messerscharfen Krallen ergreift er die Beute.

Steckbrief

- Größe: 50–58 cm lang
- Gewicht: 500–1.300 Gramm
- Auffällige Merkmale: hell- bis dunkelbraunes Gefieder; Weibchen größer und schwerer als Männchen
- Nahrung: vor allem Mäuse, Kaninchen, Eidechsen, Frösche, junge Vögel, große Heuschrecken
- Wissenswertes: häufigster Greifvogel bei uns; sitzt oft auf erhöhten Stellen neben Landstraßen und Autobahnen

Der Mäusebussard ist ein Greifvogel

Wie alle Greifvögel ernährt sich der Mäusebussard von frischem Fleisch, das er erbeutet. Sein Name weist auf seine Lieblingsspeise hin: Mäuse. Da in den breiten Wiesenstreifen neben Landstraßen und Autobahnen viele Mäuse leben, sitzt der Mäusebussard häufig in Bäumen am Straßenrand. Dort kannst du ihn manchmal sogar vom Auto aus beobachten.

Schau genau hin ...

Willst du wissen, wie gut ein Mäusebussard sehen kann? Dann leih dir von deinen Eltern ein Fernglas aus, das 20fach vergrößert. Schau hindurch und betrachte deine Umgebung. So scharf sieht sie der Mäusebussard. Nun kannst du dir sicher gut vorstellen, wie er hoch oben in der Luft segelt und den Boden nach Mäusen und Kaninchen absucht.

Der Turmfalke

Steckbrief

- Größe: 32–39 cm lang
- Gewicht: 130–320 Gramm
- Auffällige Merkmale: kleiner Greifvogel mit schmalen, spitzen Flügeln; rotbrauner Rücken
- Nahrung: vor allem Mäuse, auch Eidechsen und Insekten, in Städten Vögel
- Wissenswertes: steht häufig mit schnell schlagenden Flügeln in der Luft

In der freien Natur brüten Turmfalken in Felsen. Sie legen ihre Eier auf den nackten Vorsprung in einer Steilwand. Immer häufiger sieht man die kleinen Greifvögel auch in Städten. Für sie sind unsere Häuser wohl nichts anderes als etwas merkwürdige Felsenwände. Am liebsten brüten sie in Kirchtürmen oder anderen hohen Gebäuden. Notfalls legen sie ihre Eier auch in Mauernischen oder auf Fensterbänke.

In der freien Natur erbeuten sie Mäuse

Da es in Städten nicht so viele Mäuse gibt wie auf dem Land, jagen Turmfalken auf den Feldern rund um die Stadt. Manche erbeuten auch Sperlinge, Amseln und andere Vögel, die in unseren Städten leben. Wenn der Turmfalke kein Jagdglück hat, dann stehen Fliegen, Schmetterlinge und andere Insekten auf seinem Speisezettel.

Schau genau hin ...

Turmfalken brüten auch gern in geeigneten Nistkästen, die wie ein Körbchen aussehen. Dort können die Eier und später die jungen Vögel nicht herausfallen. Achte einmal darauf, ob auch in deiner Stadt Turmfalken leben. Du kannst sie an ihren typischen „kli-kli-kli"-Rufen erkennen.

Der Waldkauz

Sicher hast du die unheimlichen Rufe des Waldkauzes – „huu-hu-hu-uuu-uuuuh" – schon einmal gehört. Er lebt nicht nur in Wäldern, man sieht ihn mittlerweile auch in Dörfern und Städten. Das liegt wahrscheinlich daran, dass es dort das ganze Jahr über ausreichend Beute gibt. Am liebsten wohnt der Waldkauz in einer geräumigen Baumhöhle. Dort bekommt das Waldkauz-Weibchen jedes Jahr 3–5 Junge.

Steckbrief

- Größe: 37–43 cm lang
- Gewicht: rund 500 Gramm
- Auffällige Merkmale: runder Kopf mit großen Augen
- Nahrung: Mäuse, kleine Vögel, auch Frösche, Kröten, Regenwürmer und Käfer
- Wissenswertes: häufigste Eule bei uns; sonnt sich tagsüber oft vor seiner Höhle; geht nachts auf Beutejagd

Der Speisezettel des Waldkauzes

Was Waldkäuze und andere Eulen fressen, wissen wir ganz genau. Eulen zerteilen ihre Beute nämlich nicht vor dem Fressen, sondern verschlingen sie in einem Stück. In ihrem Magen sammeln sich dann die unverdaulichen Reste wie Knochen, Haare und Federn. Diese Reste würgen sie dann wieder hervor. Da die Reste wie wollig verfilzte Eier oder Würste aussehen, bezeichnet man sie auch als Gewölle. Oft schauen kleine Knochenstücke daraus hervor. Gewölle findet man dort, wo Eulen schlafen: in Wäldern, in Parkanlagen und auf Friedhöfen. Findest du ein Gewölle, dann kannst du es auseinander nehmen: So weißt du, was die Eule gefressen hat.

Schau genau hin ...

Der Waldkauz hört seine Beute, wenn er in dunkler Nacht auf Jagd geht. Damit er lautlos fliegen kann, hat er ganz besondere Federn an den Flügeln. So kann keine Maus den nahenden Kauz wahrnehmen. Im Gesicht liegen die Federn kreisförmig um die Augen – das ist der Gesichtsschleier. Durch ihn werden die leisen Geräusche besonders gut zu den unter den Federn verborgenen Ohröffnungen geleitet.

Die Lachmöwe

Steckbrief

- Größe: 35–44 cm lang
- Gewicht: 200–320 Gramm
- Auffällige Merkmale: kleine Möwe mit rotem Schnabel; zur Brutzeit mit schokoladenbraunem Kopf
- Nahrung: Regenwürmer, Insekten, kleine Fische, kleine Krebse, Abfälle, Aas
- Wissenswertes: brütet in großen Kolonien an Gewässern mit dichtem Pflanzenbewuchs

Früher lebten die Lachmöwen, wie die anderen Möwen, nur an der Küste. Doch bald fanden sie heraus, dass es im Landesinnern genügend Nahrung gibt. Deshalb kannst du diese kleinen Möwen heute auch in Städten beobachten. Sie suchen am Teich im Stadtpark nach Brotstücken, plündern Müllhalden oder folgen den Traktoren auf dem Feld, um in der aufgepflügten Erde nach Regenwürmern zu suchen.

Lachmöwen brüten in großen Kolonien

Im Frühjahr treffen sich manchmal viele tausend Paare an einem Gewässer. Das Weibchen wählt den Nistplatz am Ufer aus. Meist liegt das Nest auf einer kleinen Insel. Manche Paare bauen auch ein schwimmendes Nest aus Halmen und Pflanzenresten. Das Brüten in einer großen Gruppe bietet den Vögeln Schutz vor den zahlreichen Nesträubern, die es auf die Eier abgesehen haben. Die streitlustigen Möwen sind sehr wachsam. Nähert sich ein feindlicher Vogel, fliegen sie wild durcheinander und vertreiben ihn mit lautem Geschrei.

Schau genau hin ...

Lachmöwen sind wahre Kunstflieger. Sie können fliegende Insekten in der Luft fangen. Wenn du ein Brotstückchen hochwirfst, erkennen sie die Flugbahn und fangen es geschickt im Flug auf. Probier es doch einmal.

Der Buntspecht

Wenn ein Buntspecht im Frühjahr ein Weibchen anlocken möchte, sucht er sich einen hohlen Ast und klopft mit schnellen Schnabelschlägen dagegen. Laut hallt der Trommelwirbel durch den Wald oder Park. Gleichzeitig zeigt der Specht so seinen Rivalen, dass dieses Revier besetzt ist. Damit er beim Trommeln keine Gehirnerschütterung bekommt, sind in seinem Schädel wie beim Auto Stoßdämpfer eingebaut.

Steckbrief

- Größe: 22–26 cm lang
- Gewicht: 75–90 Gramm
- Auffällige Merkmale: kräftiger Schnabel, schwarz-weißes Gefieder
- Nahrung: im Sommer im Holz lebende Insekten und deren Larven, im Winter Samen aus Fichten- und Kiefernzapfen
- Wissenswertes: häufigster Specht Europas; trommelt, um sein Revier abzugrenzen

Der Buntspecht brütet in einer Baumhöhle

Jedes Jahr zimmert der Buntspecht eine neue Höhle. Dabei fliegen die Späne, denn solch eine Höhle reicht bis zu 40 cm tief in den Stamm hinein. Hier kommen die 5–7 Jungen zur Welt und werden von den Eltern zunächst mit weichen Blattläusen und Raupen gefüttert. Spechte fressen besonders gern Insekten, die sich im Holz der Bäume Gänge bohren. Mit ihrem Schnabel klopfen sie den Stamm auf der Suche nach diesen Bohrgängen ab. Haben sie einen gefunden, erweitern sie ihn mit dem Schnabel und holen das Insekt mit ihrer spitzen, klebrigen Zunge heraus.

Schau genau hin …

Im Winter besuchen uns Buntspechte häufig in Parks und Gärten. Dann kannst du sie manchmal auch an den Futterstellen beobachten. Gern trommeln Buntspechte an Dachantennen oder Fallrohre für Regenwasser. Beobachte einmal, wie sich der Specht beim Trommeln mit seinen Schwanzfedern an den senkrechten Rohren oder Stämmen abstützt.

Die Ringeltaube

Steckbrief

- Größe: 40–42 cm lang
- Gewicht: rund 500 Gramm
- Auffällige Merkmale: graublaues Gefieder; 2 weiße Flecken am Hals; kleiner Kopf
- Nahrung: Getreidekörner, Mais, Bucheckern, Eicheln, grüne Blätter, im Herbst Beeren
- Wissenswertes: größte Taube Europas; Paare bleiben nur einen Sommer lang zusammen

Im Frühjahr verhält sich das Männchen merkwürdig: Es ruft eifrig vom Baumwipfel aus „gruhrugrugru“. Dann steigt es 20–30 Meter hoch in die Luft, klatscht dabei laut mit den Flügeln und gleitet mit gestreckten Flügeln und gespreiztem Schwanz zum Boden zurück. Unten angekommen steigt es wieder nach oben und wiederholt das Ganze mehrmals. Warum macht es das wohl?

Im Frühjahr ist bei den Ringeltauben Balzzeit

Durch sein lautes Gurren und auffälliges Hoch- und Runterfliegen versucht das Männchen, ein Weibchen zu finden. War es erfolgreich, überreicht es dem Weibchen einige Samenkörner. Dann findet die Paarung statt. Meist schlüpfen die Jungen in einem Nest hoch oben in der Krone eines Nadelbaums. Ihre erste Nahrung ist ein Speisebrei, den die Eltern aus ihrem Kropf hervorwürgen. Der Kropf ist eine Ausstülpung der Speiseröhre, in dem die Nahrung vorverdaut wird. Der Speisebrei besteht aus eingeweichten Samen. Man nennt ihn auch Kropfmilch. Wenn die Jungen groß sind, schließen sie sich zu Scharen zusammen.

Schau genau hin …

Mitten in unseren Großstädten gibt es eine andere Taubenart: die Straßentaube. Sie sieht so ähnlich aus wie die Ringeltaube, stammt aber von der in Südeuropa lebenden Felsentaube ab. Straßentauben brüten zu Tausenden in Bahnhöfen und an Marktplätzen. Sicher hast du auch schon beobachtet, wie ein Männchen mit aufgeblasenem Kropf und auf dem Boden schleifendem Schwanz laut gurrend um ein Taubenweibchen wirbt.

Die Rauchschwalbe

Rauchschwalben ernähren ihre Jungen mit gefangenen Insekten. Nähert sich die Mutter dem Nest, strecken die Jungen sich ihr mit weit aufgerissenen Schnäbeln entgegen. Ihr Schlund leuchtet orange. Biologen nennen dieses Verhalten der Jungvögel Sperren. Das weit aufgerissene, orange leuchtende Maul ist ein Signal für die Eltern, das Futter genau in den Schlund der Jungvögel zu stecken.

Steckbrief

- Größe: 17–21 cm lang
- Gewicht: 18–20 Gramm
- Auffällige Merkmale: tief gegabelter Schwanz, rostbraune Stirn und Kehle
- Nahrung: fliegende Insekten; bei schlechtem Wetter ins Wasser gefallene Insekten
- Wissenswertes: häufigste Schwalbe auf dem Land; zwitschernder Gesang; brütet im Innern von Gebäuden wie Ställen oder Scheunen, manchmal auch unter Brücken

Den Winter verbringen sie in Südafrika

Schon Ende August, wenn es bei uns noch so richtig heiß ist, finden sich die Rauchschwalben zu großen Schwärmen zusammen. Oft kannst du sie dann zu Hunderten auf Leitungsdrähten sitzen sehen. Sie haben eine lange Reise vor sich, denn sie verbringen den Winter im südlichen Afrika. Auf ihrem Weg dorthin übernachten sie im Schilf von Teichen und Seen. Erst Ende März kommen sie wieder nach Europa zurück. (Informationen über den Vogelzug findest du auf Seite 114.)

Schau genau hin …

Rauchschwalben ernähren sich hauptsächlich von Insekten, die sie im Flug fangen. Die meisten Insekten fliegen bei schönem Wetter in großer Höhe, bei schlechtem Wetter näher am Boden. Da die Schwalben den Fluginsekten folgen, sind sie gute Wetterboten: Fliegen sie hoch, dann künden sie schönes Wetter an, fliegen sie tief, könnte schlechtes Wetter kommen.

Die Rabenkrähe

Steckbrief

- Größe: 44–51 cm lang
- Gewicht: 460–800 Gramm
- Auffällige Merkmale: ganz schwarz; kräftiger schwarzer Schnabel
- Nahrung: Insekten und deren Larven, Würmer und Schnecken, auch Früchte und Getreide
- Wissenswertes: überall häufig; lebt in kleinen Gruppen, nie in großen Schwärmen

In der Nähe unserer Siedlungen lebt die Rabenkrähe. Sie ist ganz schwarz. Fährst du einige hundert Kilometer nach Osten, triffst du dort einen Vogel, der fast genauso aussieht wie die Rabenkrähe. Sein Gefieder ist allerdings nicht ganz schwarz, sondern größtenteils grau. Das ist die Nebelkrähe. Raben- und Nebelkrähe sind miteinander verwandt. Sie haben dieselben Vorfahren.

Rabenkrähen sind fürsorgliche Eltern

Auf hohen Bäumen errichtet das Rabenkrähenpaar sein großes Nest aus Zweigen. Hier brütet das Weibchen fast 3 Wochen lang die Eier aus. In dieser Zeit wird es vom Männchen mit Regenwürmern, Schnecken und Insekten gefüttert. Im Alter von 5 Wochen verlassen die Jungen das Nest. Sie bleiben aber noch eine ganze Weile bei ihren Eltern und lassen sich mit Futter versorgen. Über das leere Nest freuen sich andere Vögel: Waldohreulen, Turm- oder Baumfalken besetzen es für ihre eigene Brut.

Schau genau hin ...

Das schwarze Gefieder der Rabenkrähe schimmert mal bläulich, mal grünlich – je nachdem wie das Licht einfällt. Dieser Schimmerglanz kommt durch eine besonders fein strukturierte Oberfläche der Federn zustande. Das auf die Federn fallende Licht wird gestreut und reflektiert (zurückgeworfen). Wir sehen es als bläulichen oder grünlichen Schimmer.

Die Kohlmeise

Schau einmal aus deinem Fenster hinaus in den Garten. Was siehst du? Vielleicht eine Kohlmeise, die in den Ästen eifrig nach Insekten jagt? Kohlmeisen leben das ganze Jahr über bei uns. Im Winter fressen sie gern Sonnenblumenkerne und Fett, die du ihnen als Meisenknödel oder Talgring anbieten kannst. Meisen sind Höhlenbrüter: Sie benutzen oft verlassene Baumhöhlen (etwa von Spechten) als Nest.

Steckbrief

- Größe: 14–15 cm lang
- Gewicht: 18–20 Gramm
- Auffällige Merkmale: schwarzer Kopf mit weißen Wangen, grünlich-gelbliches Gefieder
- Nahrung: Insekten, deren Larven und Spinnen; im Winter auch Samen, Nüsse und Fett
- Wissenswertes: nimmt Nistkasten zum Brüten an; in vielen Städten die häufigste Vogelart

Hartes Leben an eisigen Wintertagen

Im Herbst verstecken Kohlmeisen Samen in den Ritzen der Baumrinde. Hier finden sie auch das ganze Jahr über kleine Beutetiere. Wenn im Winter die Äste und Zweige vereist oder mit Raureif überzogen sind, kommen sie aber nicht mehr an ihr Futter heran. Die kleinen Vögel brauchen an kalten Tagen besonders viel Nahrung, um warm zu bleiben. Sie können nur wenige Stunden ohne Nahrung auskommen. Sie würden sonst sehr schnell erfrieren. Nur eine von vier Meisen überlebt einen harten Winter. Warum ziehen dann die Kohlmeisen nicht in den warmen Süden wie die Schwalben? Weil Kohlmeisen eine andere Strategie zum Überleben haben: Sie ziehen im Sommer besonders viele Junge groß. 25 Kinder pro Jahr sind für ein Kohlmeisenpärchen nicht ungewöhnlich. Natürlich legt ein Weibchen nicht auf einmal so viele Eier. Es brütet zwei- bis dreimal hintereinander.

Schau genau hin …

Schon an den ersten milden Januartagen beginnen Kohlmeisen zu singen. „Tzi-tzi-bäh“ oder „zödi-zodü-zodü“ ertönt es dann aus den Sträuchern und Hecken. Schon jetzt besetzen die Männchen ein Brutrevier. Mit ihrem Gesang teilen sie anderen Männchen mit: In diesem Revier ist kein Platz mehr! Im Frühjahr locken sie dann mit ihrem Gesang die Weibchen an, um zusammen Junge großzuziehen.

Die Amsel

Steckbrief

- Größe: 24–29 cm lang
- Gewicht: bis 90 Gramm
- Auffällige Merkmale: Männchen schwarz mit gelbem Schnabel und gelbem Ring ums Auge, Weibchen braun
- Nahrung: Regenwürmer, Schnecken, Insekten, Früchte und Beeren
- Wissenswertes: zieht mehrmals im Sommer Junge groß; grünblaue Eier werden oft von Elstern geraubt

Noch vor hundert Jahren lebte die Amsel scheu und zurückgezogen in den dichten Wäldern. Heute lebt sie auch in Dörfern und Städten. In Hecken, immergrünen Bäumen und Pflanzen baut sie ihr Nest aus kleinen Zweigen und Halmen. Wenn die Jungen fliegen lernen, sind Amseln besonders laut. Bei jeder Störung durch eine Katze oder eine Elster schimpfen sie lange „tix-tix-tix".

Die Männchen singen gern

Besonders nach Regenschauern oder in der Morgen- und Abenddämmerung ertönen die traurig klingenden Amsellieder. Manchmal klingen sie wie Flötenmusik. Sei ganz still und schau, ob du das singende Männchen finden kannst.

Meist sitzt es ganz oben auf dem Dachfirst oder in der höchsten Baumspitze. Jede Amsel singt anders. Geschulte Zuhörer können deshalb einzelne Amseln an ihrem Gesang voneinander unterscheiden.

Schau genau hin …

Beobachte einmal eine Amsel, wenn sie auf dem Rasen auf Jagd nach Regenwürmern geht. Sie hüpft ein paar Sätze, bleibt stehen, hüpft weiter. Hat sie einen Regenwurm gefunden, packt sie ihn mit dem Schnabel. Mit beiden Beinen stemmt sie sich nun gegen den Boden und zieht den langen Wurm ruckweise aus der Erde.

Das Rotkehlchen

Das Rotkehlchen ist ein Bodenvogel. Wie eine Maus schlüpft es durchs Gebüsch, hüpft mit großen Sprüngen über den Rasen und verschwindet im nächsten Gestrüpp. Hier hat es aus Gras, Moos und alten Blättern sein Nest gebaut. Am Boden sucht das Rotkehlchen auch nach Nahrung. Sein langer, spitzer Schnabel verrät, dass es sich von tierischer Kost ernährt: Allerlei Kleintiere stehen auf seinem Speisezettel.

Steckbrief

- Größe: 13–14 cm lang
- Gewicht: bis 16 Gramm
- Auffällige Merkmale: große Augen, Gesicht, Kehle und Brust orangerot
- Nahrung: Insekten, Würmer und Schnecken, im Winter an Futterstellen Rosinen und getrocknete Früchte
- Wissenswertes: Einzelgänger, ist recht streitsüchtig, singt das ganze Jahr über

Der Vogel mit der roten Kehle

Mit seinen großen Knopfaugen sieht das Rotkehlchen niedlich aus. In Wahrheit ist es aber ein sehr streitsüchtiger Bursche. Es geht auf alle los, die wie es selbst eine orangerote Brust haben. Das Rotkehlchen greift sogar sein Spiegelbild an, ebenso ein kleines Büschel rote Federn oder ein Stückchen roten Stoff. Probier es einmal aus. Da die meisten Rotkehlchen auch im Winter ihr Revier verteidigen, singen sie auch in der kalten Jahreszeit. Besonders in der Dämmerung kannst du die Lieder der Rotkehlchen hören.

Schau genau hin ...

Im Winter gehören Rotkehlchen zu den Vögeln, die regelmäßig das Futterhäuschen besuchen. Dort picken sie gern an Rosinen, Äpfeln und getrockneten Früchten. Nicht alle Rotkehlchen verbringen die kalte Jahreszeit bei uns. Einige ziehen im Herbst in die Länder am Mittelmeer.

Der Buchfink

Steckbrief

- Größe: 14–16 cm lang
- Gewicht: 17–30 Gramm
- Auffällige Merkmale: kräftiger Schnabel; Männchen sehr bunt; Weibchen bräunlich gefärbt
- Nahrung: Samen, Getreide, Früchte, auch Insekten und Spinnen
- Wissenswertes: kommt bei uns sehr häufig vor; lebt außerhalb der Brutzeit in großen Schwärmen

Der Buchfink ist einer unserer häufigsten heimischen Vögel. Er lebt in Wäldern, Gärten und Parks. Das ganze Jahr über ruft das Buchfinkmännchen seinen Namen: „Pink“ ertönt es bei Gefahr aus Büschen und Bäumen. Außerdem sind die Buchfinkenmännchen für ihren kräftig schmetternden Gesang bekannt. Manche Buchfinken ahmen sogar die Rufe anderer Vögel nach, zum Beispiel die von Meisen.

Der Schnabel verrät den Speisezettel

Der Buchfink gehört zur Familie der Finken. Zu dieser Vogelgruppe gehören auch andere Vögel, die bei uns leben, wie zum Beispiel Grünfinken und Stieglitze. Unsere heimischen Finken ernähren sich fast ausschließlich von pflanzlichen Samen. Viele Samen haben zwar harte oder dicke Schalen, aber mit ihren kurzen, hohen Schnäbeln können die Buchfinken die Schalen problemlos öffnen. Die Jungen der Buchfinken werden mit Insekten, Spinnen und Ohrwürmern gefüttert, die die Eltern meist hoch oben in den Bäumen finden.

Schau genau hin …

Das Buchfinkmännchen ist viel bunter gefärbt als das Weibchen. Es verteidigt sein Brutrevier mit lautem Gesang und mit seinem bunten Gefieder gegen Artgenossen. Das Weibchen brütet die Eier aus. Kein Feind darf es dabei finden, sonst würde die ganze Brut sterben. Daher ist sein Gefieder unauffällig braun gefärbt.

Der Star

Stare brüten am liebsten in den verlassenen Baumhöhlen von Spechten. Wenn sie keine solche Baumhöhle finden, bauen sie ihr Nest in einem Nistkasten. Stare leben oft in großen Schwärmen. Im Herbst fressen sie häufig die Weintrauben in den Weinbergen; oder sie ernähren sich von Beeren, Insekten und deren Larven. Im Winter übernachten Stare oft in großen Städten, weil es dort heller und wärmer ist.

Steckbrief

- Größe: 19–22 cm lang
- Gewicht: 60–95 Gramm
- Auffällige Merkmale: im Sommer schwarz, sonst mit vielen weißen Flecken (Perlstar)
- Nahrung: Insekten und deren Larven, Früchte und Beeren
- Wissenswertes: läuft in kleinen Trippelschritten über den Rasen; stochert dabei mit dem Schnabel im Boden

Alle Vögel wechseln ihr Gefieder

Wie andere Vögel auch wechselt der Star zweimal im Jahr sein Gefieder. Durch Wind und Regen, durch das Schlüpfen durch enges Geäst und durch Parasiten werden die Federn abgenutzt. Bevor die Federn ganz kaputt sind, fallen sie nach und nach aus. Neue Federn wachsen nach, denn ohne Federn muss ein Vogel frieren und kann nicht fliegen. Beim Star kannst du gut erkennen, wann er seine Federn wechselt. Im Spätsommer fallen ihm die schwarzen Federn aus. Die neuen Federn haben weiße Spitzen. Mit dem weiß getupften Gefieder wird der Star auch Perlstar genannt. Im Frühjahr wachsen ihm dann wieder ganz schwarze Federn. Du kannst den Star leicht von der schwarzen Amsel unterscheiden, weil er keinen gelben Ring um seine Augen hat.

Schau genau hin …

Stare singen nicht, um Rivalen zu vertreiben, wie die meisten Singvögel. Sie singen miteinander. Ihr Gesang enthält raue, knackende, schnarrende, kreischende und pfeifende Töne. Manchmal imitieren sie auch den Gesang anderer Vögel und ab und zu erinnern ihre Geräusche an das Pfeifen einer Lok.

Der Haussperling

Steckbrief

- Größe: 14–16 cm lang
- Gewicht: 17–30 Gramm
- Auffällige Merkmale: kräftiger Schnabel, Männchen mit grauer Stirn
- Nahrung: Samen, Getreide, Knospen, Abfälle, Insekten
- Wissenswertes: ruft „tschilp-tschilp“; nistet unter Dächern und in Mauerlöchern; lebt in allen Städten

Wir nennen den Haussperling meist Spatz. Heute gibt es fast auf der ganzen Welt Spatzen, doch das war nicht immer so: Ursprünglich lebten diese Sperlinge nur in den einsamen Steppen Asiens. Als vor einigen tausend Jahren die Menschen begannen, Getreide auf Feldern anzubauen, wanderten die ersten Spatzen zu uns. Körner sind ihr Leibgericht. Auf den Äckern finden sie reichlich davon.

Junge Spatzen fressen Insekten

Spatzen füttern ihre Jungen mit Insekten und Insektenlarven. Diese enthalten viel Eiweiß, das die jungen Vögel zum Wachsen brauchen.
Die Jungen schlüpfen nackt. In den ersten Tagen können sie noch nicht sehen. Hilflos sitzen sie im Nest und werden von ihren Eltern versorgt. Biologen nennen die hilflosen Jungvögel Nesthocker. Doch schon bald öffnen die jungen Spatzen ihre Augen. Ihre Federn wachsen und nach 3 Wochen lernen die Jungen fliegen.

Schau genau hin ...

Spatzen leben nicht gern allein. Meist sind sie in einem kleinen Schwarm unterwegs. Sie verfolgen sich gegenseitig, zetern und tschilpen und machen viel Lärm. Tauchst du dann plötzlich auf, verschwinden alle in der nächsten Hecke. Vielleicht kannst du ja einmal Haussperlinge beim Baden in Pfützen beobachten.

Schau genau hin ...

Achte doch einmal darauf, wenn im Frühjahr die Zugvögel zu uns zurückkehren. An warmen Februar- und Märztagen sind die ersten Stare, Bachstelzen und Hausrotschwänze wieder da. Im April kommen die Schwalben und im Mai dann die Mauersegler, die mit ihrem lauten Geschrei und ihren rasanten Sturzflügen zwischen den Häusern sofort auffallen. Notiere deine Beobachtungen in einem kleinen Notizbuch.

Jedes Jahr ziehen Millionen von Vögeln von einem Teil der Erde in einen anderen. Auf ihrer Wanderung legen die Vögel oft viele tausend Kilometer zurück. Wenn im Winter in Europa das Land mit Schnee bedeckt ist und die Gewässer zugefroren sind, finden viele Vogelarten nicht mehr genug Nahrung. Deshalb fliegen sie jedes Jahr im Herbst in mildere Regionen (wie Afrika oder Indien).

Um genügend Fettreserven für den langen Flug zu haben, fressen sich die Vögel an den herbstlichen Beeren und Früchten so richtig satt. Die Mauersegler verlassen uns als Erste. Schon im Hochsommer machen sie sich auf die Reise ins tropische Afrika. Im Herbst brechen dann weitere Vogelarten wie zum Beispiel Schwalben und Störche auf.

Die Reise gen Süden

Die meisten Vögel fliegen nachts. Jeder Vogel kennt die Reiseroute, doch noch weiß man nicht genau, wie die Vögel ihren Kurs finden. Vogelkundler nehmen an, dass sich

Wohin ziehen die Zugvögel im Winter?

die Vögel am Stand der Sonne, an besonders auffälligen Berggipfeln, an den Sternen und am Magnetfeld der Erde orientieren.

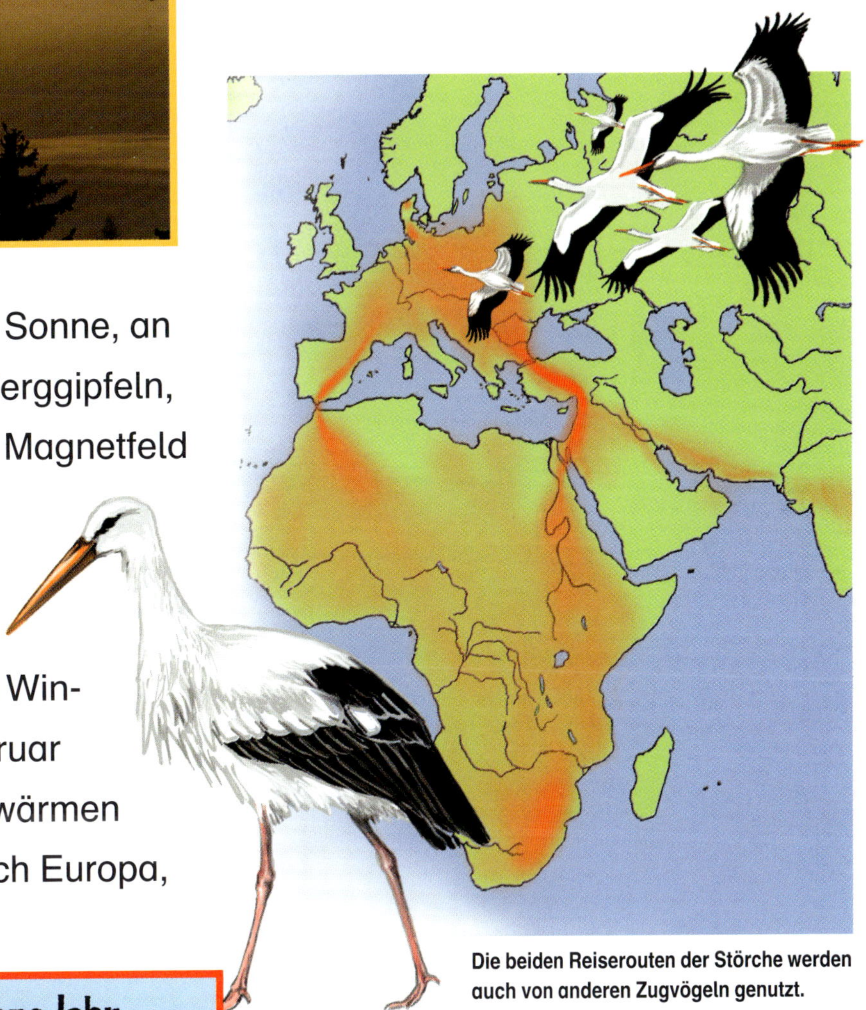

Die beiden Reiserouten der Störche werden auch von anderen Zugvögeln genutzt.

Der Storch

Störche verbringen den Winter in Südafrika. Im Februar machen sie sich in Schwärmen auf den Weg zurück nach Europa, um dort zu brüten.

Vögel, die das ganze Jahr bei uns bleiben

- Stockente
- Höckerschwan
- Buntspecht
- Elster
- Kohlmeise
- Kleiber
- Amsel
- Buchfink
- Sperling (Spatz)

Heimische Zugvögel

- Weißstorch
- Kiebitz
- Mauersegler
- Mehlschwalbe
- Hausrotschwanz
- Gartengrasmücke
- Bachstelze
- Nachtigall
- Stare

Kriechtiere, Lurche und Fische gehören – wie Säugetiere und Vögel – zu den Wirbeltieren. Alle Wirbeltiere haben ein festes Innenskelett aus Knochen oder Knorpel. Der harte Schädel schützt das Gehirn. Fast alle Kriechtiere, Lurche und Fische legen Eier. Im Gegensatz zu den Säugetieren und Vögeln können diese Tiergruppen ihre Körpertemperatur nicht selbst regeln.

Was sind Wirbeltiere?

Kriechtiere, Lurche und Fische

Da Kriechtiere, Lurche und Fische ihre Körpertemperatur nicht selbst regeln können, entspricht sie weitgehend der Temperatur ihrer Umgebung. Biologen nennen das wechselwarm. In kalten Nächten sind Kriechtiere und Lurche oft bewegungsunfähig und können sich erst in der morgendlichen Sonne aufwärmen. Die Kriechtiere heißen auch Reptilien. Zu ihnen gehören Echsen, Schlangen, Schildkröten und Krokodile. Lurche kennst du vielleicht auch unter dem Namen Amphibien. Man unterscheidet Schwanzlurche (zum Beispiel Molche und Salamander) und Froschlurche (Frösche, Kröten und Unken). Zu den Fischen gehören die Knorpelfische Haie und Rochen, deren Skelett aus Knorpel besteht, und die Knochenfische. Die Gruppe der Knochenfische ist sehr groß, sie leben im Meer, in Seen, Teichen, Flüssen und Bächen.

Daran erkennst du eindeutig die Wirbeltiere

- Kriechtiere: Die trockene Haut ist mit Schuppen bedeckt; sie atmen durch Lungen
- Lurche: Die feuchte Haut enthält viele Drüsen; sie legen ihre Eier ins Wasser; auch die Larven leben im Wasser
- Fische: Sie leben stets im Wasser und atmen durch Kiemen; ihre Haut ist mit Schuppen bedeckt

Die Zauneidechse

An warmen Frühlingstagen im März verlassen Zauneidechsen ihr Winterversteck. Sie sind dann noch recht steif und müssen sich erst auf einem Stein von der Frühlingssonne erwärmen lassen. Bald werden die Eidechsen munterer und wenn sie so richtig warm sind, geht's los: Auf der Suche nach Schnecken, Spinnen und Insekten huschen Zauneidechsen die steinige Mauer entlang.

Steckbrief

- Größe: bis 11 cm lang, dazu bis 15 cm Schwanz
- Gewicht: bis 19 Gramm
- Auffällige Merkmale: Männchen im Frühjahr mit grüner Kehle und Flanken
- Nahrung: Heuschrecken, Fliegen und andere Insekten, Spinnen, auch Schnecken und Regenwürmer
- Wissenswertes: Kriechtier; braucht warmen, trockenen Lebensraum in Felsen, Trockenmauern, Steinhaufen oder Bahndämmen

Zauneidechsen haben viele Feinde

Schlangen, Vögel und Hauskatzen sind die Hauptfeinde der Zauneidechse. Deshalb leben Zauneidechsen nur da, wo es auch genügend Verstecke gibt. Sobald sie eine Bewegung sehen, verschwinden sie in den Mauerritzen und Steinhaufen. Im Frühjahr scharrt das Weibchen an einem sonnigen Platz eine kleine Grube in den Boden. In diese Grube legt es 4–15 Eier, die von der Sonne ausgebrütet werden. Nach 1–2 Monaten schlüpfen die kleinen Jungeidechsen, die sofort mit der Suche nach kleinen Spinnen und Insekten beginnen.

Schau genau hin ...

Vielleicht hast du auch schon einmal eine Zauneidechse mit einem ganz kurzen Schwanz gesehen? Dies ist ein Zeichen dafür, dass das Tier schon einmal von einem Vogel oder einer Katze gepackt wurde. Um fliehen zu können, hat es seinen Schwanz abgeworfen. Nach einiger Zeit wächst der Zauneidechse ein neuer Schwanz, der allerdings nicht mehr so lang wird wie der alte.

Die Blindschleiche

Steckbrief

- Größe: bis 45 cm lang
- Auffällige Merkmale: typischer Eidechsenkopf; sieht wie eine Schlange aus; glänzend braun
- Nahrung: Nacktschnecken und Regenwürmer
- Wissenswertes: Kriechtier; ist keine Schlange, sondern nah mit Eidechsen verwandt

Eine Blindschleiche sieht zwar wie eine Schlange aus, sie ist aber keine! Vielmehr ist sie eine Echse und somit mit den Eidechsen verwandt. Die Blindschleiche kann – genau wie die Eidechse – ihren Schwanz abwerfen, wenn sie sich bedroht fühlt. Wie alle Echsen kann auch die Blindschleiche ihre Augen öffnen und schließen, weil sie im Gegensatz zu Schlangen Augenlider hat. Sie lebt in lichten Wäldern und Gärten.

Schleichen fühlen sich im Schatten wohl

Wie die Zauneidechse braucht die Blindschleiche warme Plätze. Sie meidet allerdings das direkte Sonnenlicht; sie bevorzugt feuchte, schattige Orte. Die Weibchen legen ihre Eier nicht in den Boden, sondern behalten sie so lange im Körper, bis die Jungen schlüpfen. Man nennt sie deshalb auch „lebend gebärend". Bei Regenwetter machen sie besonders reiche Beute, denn dann sind viele Regenwürmer und Nacktschnecken unterwegs. Im Herbst treffen sich die Blindschleichen in Erdlöchern. Hier verbringen sie oft zusammen mit Kreuzottern den Winter. Sie können sich nicht bewegen, weil sie in eine Kältestarre verfallen. Erst im Frühjahr verlassen sie ihre Winterverstecke wieder.

Schau genau hin ...

Greifvögel, Eulen, Füchse, Marder, Igel und der Mensch sind die wichtigsten Feinde der Blindschleichen. Leider werden viele von unwissenden Menschen erschlagen, weil sie sie mit Schlangen verwechseln. Dabei sind Blindschleichen völlig harmlos. Du kannst die nützlichen Jäger lästiger Nacktschnecken in den Garten locken, wenn du ihnen schattige, feuchte Schlupfwinkel unter Holzbrettern oder Steinen anbietest.

Die Ringelnatter

Die Ringelnatter ist scheu und lebt versteckt zwischen Pflanzen. Am ehesten kannst du sie in der Nähe eines Sees, Teichs oder Bachs entdecken. Sie kann hervorragend schwimmen und geht am Ufer und im Wasser auf Beutejagd. Wenn die Ringelnatter einen Frosch entdeckt hat, nähert sie sich von hinten. Blitzschnell stößt sie mit dem Kopf nach vorn und packt das Opfer mit ihren kräftigen Kiefern. Dann verschlingt sie es an einem Stück.

Steckbrief

- Größe: 70–130 cm lang
- Auffällige Merkmale: graue Schlange mit 2 gelben Flecken im Nacken
- Nahrung: Frösche, Molche, Kaulquappen, auch Fische und Mäuse
- Wissenswertes: Kriechtier; jagt im Wasser; ist nicht giftig

Geburtsort: Komposthaufen

Im Sommer entfernt sich das Weibchen vom Wasser und sucht einen guten Platz für die Eiablage. Meist kehrt es zu dem Laub-, Mist- oder Komposthaufen zurück, in dem es schon im letzten Jahr seine Eier gelegt hat. Durch die verrottenden Pflanzenteile sind diese Haufen warm und brüten die länglichen Eier aus. Nach 4–10 Wochen schlüpfen die jungen Schlangen, die 15–20 Zentimeter lang sind. Sie begeben sich zum nächsten Gewässer und jagen kleine Kaulquappen. Von Oktober bis März ruhen Ringelnattern in einem Versteck.

Schau genau hin …

Obwohl bei uns neben der harmlosen Ringelnatter auch giftige Schlangen leben, brauchst du dich nicht vor ihnen zu fürchten. Die meisten Menschen haben noch nie eine Schlange in freier Natur gesehen. Schlangen flüchten sofort, wenn sich ihnen ein Mensch nähert.

Die Kreuzotter

Steckbrief

- Größe: bis 60 cm lang
- Auffällige Merkmale: kleine braune Schlange mit dunklem Zickzackmuster auf dem Rücken
- Nahrung: Mäuse, Eidechsen, Maulwürfe
- Wissenswertes: Kriechtier; lauert Beute aus einem Versteck heraus auf

Sicher hast du schon einmal gesehen, wie eine Schlange ihre Zunge herausstreckt. Die Kreuzotter hat – wie alle Schlangen – keine Nase. Sie riecht mit ihrer Zunge. Mit den beiden Zungenspitzen nimmt sie kleinste Geruchsteilchen aus der Luft auf. Dann zieht sie ihre Zunge ins Maul zurück und steckt sie in eine Öffnung am Gaumen. Hier kann die Kreuzotter nun den Geruch wahrnehmen. Biologen nennen das züngeln.

Die Kreuzotter bei der Jagd

Tag und Nacht lauert die Kreuzotter auf Beute. Wenn es draußen zu kalt wird, jagt sie Mäuse in deren unterirdischen Bauen. Einer ausgewachsenen Kreuzotter genügen 12 Mäuse im Jahr. Kreuzottern haben Giftzähne. Das Gift wird aus den Giftdrüsen in die Zähne geleitet, die innen hohl sind. Kreuzottern packen ihre Beute mit dem Maul und das Gift dringt in deren Körper ein. Innerhalb von 30 Sekunden stirbt eine erbeutete Eidechse. Sogar Kreuzotter-Babys sind schon giftig. Sie kommen im Herbst zur Welt und ernähren sich nur von Heuschrecken und Regenwürmern.

Schau genau hin …

Eine Kreuzotter greift niemals an. Sie beißt nur, wenn sie von einem Menschen überrascht wird und nicht mehr fliehen kann. Kreuzottern bewegen sich ziemlich langsam. Beim Zubeißen schnellen sie mit ihrem Kopf höchstens 20 cm nach vorne. Deshalb entfern dich zügig von einer Kreuzotter, denn ihr Biss ist gefährlich. Schon in einem Meter Abstand bist du sicher.

Der Teichmolch

Der Teichmolch lebt nicht das ganze Jahr im Wasser. Die kalte Jahreszeit verbringt er unter Steinhaufen oder Holzstücken an Land. Im Frühjahr wandert er zum nächsten Teich. Dort treffen sich viele Teichmolche. Die Männchen sehen nun wie kleine, bunt gefärbte Drachen aus. Hat sich ein Paar gefunden, setzt das Männchen kleine Samenpakete ab, die das Weibchen aufnimmt.

Steckbrief

- Größe: 6–11 cm lang
- Gewicht: 1–2 Gramm
- Auffällige Merkmale: langer Schwanz; Männchen im Frühjahr mit orangerotem Bauch und gezacktem Rückenkamm
- Nahrung: kleine Krebstiere, Insektenlarven, an Land Würmer, kleine Schnecken
- Wissenswertes: Lurch; lebt die meiste Zeit an Land unter Steinen und Moos; geht nachts auf Nahrungssuche

Nachwuchs bei den Molchen

Ein Weibchen legt 200–300 Eier. Es verklebt unter Wasser das Blatt einer Wasserpflanze zu einer Tüte und verpackt darin ein Ei. Dies tut das Weibchen mit jedem seiner Eier. Die sind zum Glück nur so groß wie eine ganz kleine Kugel (3 mm). Nach etwa 2 Wochen schlüpfen die Larven. Sie haben einen langen Schwanz, aber keine Beine. Auf jeder Seite des Kopfes haben sie ein Büschel Kiemen, mit denen sie atmen. Eifrig erbeuten sie kleinste Wassertiere. Nach mehreren Wochen wachsen ihnen zunächst Vorderbeine, dann Hinterbeine. Die Kiemen verschwinden und aus den Larven werden ausgewachsene Teichmolche, die mit Lungen atmen. Die Veränderung von der Larve zum erwachsenen Tier nennen Biologen Metamorphose.

Schau genau hin ...

An Land sehen Teichmolche so ähnlich wie kleine braune Salamander aus. Am besten kannst du sie an sonnigen Tagen im flachen Wasser beobachten. Sie schwimmen ruhig mit schlängelnden Bewegungen.

Der Feuersalamander

Steckbrief

- Größe: bis 20 cm lang
- Gewicht: etwa 20 Gramm
- Auffällige Merkmale: schwarz-gelb gefärbt; Kopf mit großen Drüsen
- Nahrung: Nacktschnecken, Asseln, Würmer, Insektenlarven, Tausendfüßer
- Wissenswertes: Lurch; lebt im Wald; jagt nachts; giftig, für den Menschen aber ungefährlich

Anders als Molche, Frösche und Kröten treffen sich Feuersalamander zur Paarung nicht im Wasser. Sie paaren sich an Land. Das Weibchen behält die Eier in seinem Körper. Nach ungefähr 8 Monaten haben sich die Eier zu Larven entwickelt, die das Weibchen dann im Frühjahr im klaren Wasser eines Bachs absetzt. Etwa 4 Monate später werden sie zu erwachsenen Feuersalamandern und verlassen für immer den Bach.

Ein Feuersalamander hat wenig Feinde

Wie Wespen zeigt der Feuersalamander mit seiner schwarz-gelben Farbe allen Tieren, dass er giftig ist. Er hat zahlreiche Drüsen am Kopf und am Körper, die du an seiner höckerigen Haut gut erkennen kannst. In ihnen wird ein Gift produziert, das man Salamandrin nennt. Es überzieht die Haut mit einem Film. Wenn du einen Feuersalamander angefasst hast, darfst du dir nicht in die Augen fassen. Das brennt nämlich. Wasch dir so schnell wie möglich deine Hände!

Schau genau hin ...

Die Larven des Feuersalamanders können nur an den Stellen im Bach leben, an denen das Wasser ruhig ist. Ist die Strömung zu stark, werden sie mitgerissen und müssen sterben. Genau das passiert oft, wenn Bäche von Menschen ausgebaut und begradigt werden. Dann fehlen die ruhigen Wasserstellen für die Larven. Ohne Larven gibt es aber auch keine Feuersalamander mehr.

Die Erdkröte

An einem regnerischen Abend Ende März ist es so weit: Die Erdkröten kommen aus ihren Winterverstecken im Wald hervor und wandern zum nächsten Weiher. Hier wurden sie vor vielen Jahren geboren. Jedes Jahr kehren die Kröten zum selben Gewässer zurück, um sich zu paaren und Eier zu legen. Fühlt sich die Erdkröte bedroht, bläht sie sich auf und lässt ein milchiges Gift austreten.

Steckbrief

- Größe: 9–15 cm lang
- Auffällige Merkmale: höckerige Haut; hinter den Augen große Drüsen; Augen mit waagerechter Pupille
- Nahrung: Regenwürmer, Nacktschnecken, Spinnen, Fliegen, Käfer, Ameisen und Insektenlarven
- Wissenswertes: Lurch; Weibchen viel größer als Männchen; giftig, für Menschen aber ungefährlich

Die Männchen reisen gern bequem

Schon auf dem Weg zum Weiher versuchen sie, eines der viel größeren Weibchen abzupassen. Sie steigen auf seinen Rücken und klammern sich fest. Nun reiten sie huckepack. Im Weiher angekommen bleiben sie einfach auf dem Rücken sitzen. Stößt dann das Weibchen seine 3–5 m langen Eischnüre aus, besamt sie das Männchen. So eine Eischnur kann bis zu 5.000 Eier enthalten. Die Partner trennen sich und wandern zurück in den Wald. Hier verbringen sie die restliche Zeit des Jahres.

Schau genau hin ...

Beobachte einmal eine Erdkröte bei der Jagd. Hat sie eine Fliege oder einen Käfer entdeckt, schießt plötzlich ihre lange, klebrige Zunge hervor. An ihr bleibt die Beute hängen. Alle Frösche und Kröten können ihre Zunge sehr weit ausschleudern. Sie ist nämlich nicht wie bei uns hinten, sondern ganz vorne im Maul angewachsen.

Die Gelbbauchunke

Steckbrief

- Größe: 4–5 cm lang
- Auffällige Merkmale: Bauchseite mit gelben Flecken; keine Schallblasen
- Nahrung: Insekten und deren Larven
- Wissenswertes: Lurch; verbringt ihr ganzes Leben am und im Wasser

Wenn du dir unter einer Unke eine große Kröte vorstellst, dann irrst du dich. Unken sind klein, viel kleiner als Frösche. Sie leben das ganze Jahr über in Gruppen an oder in flachen Tümpeln mit klarem Wasser. Manchmal findest du Gelbbauchunken auch in den tiefen, mit Wasser gefüllten Radspuren, die ein Auto auf einem weichen Waldweg hinterlassen hat. Nur den Winter über verstecken sie sich im Boden.

Leben in kleinsten Gewässern

Unken lassen sich oft ruhig an der Wasseroberfläche treiben. Fühlen sie sich gestört, tauchen sie blitzschnell ab und vergraben sich im Schlamm am Teichgrund. Im Frühjahr und Sommer rufen die Männchen leise „ung … ung … ung". Das klingt wie zarte Glockentöne. Mit ihrem Gesang locken sie die Weibchen an. Unken legen ihre Eier meist in kleine Tümpel oder Pfützen. Wenn diese während eines heißen Sommers austrocknen, sterben die Larven. Damit wenigstens ein Teil der Eier sich zu kleinen Unken entwickeln kann, verteilen Unken ihre Eier auf mehrere Kleingewässer.

Schau genau hin …

Wird eine Unke an Land von einem Marder oder einer Ringelnatter überrascht, verhält sie sich folgendermaßen: Sie biegt den Rücken durch, zieht ihre 4 Beine nach oben und zeigt dem Feind ihren gelben Bauch. Drüsen in der Haut sondern Gift ab. Manchmal sieht die Unke dann aus, als ob sie mit Seifenschaum überzogen ist. Das Gift riecht nach Lauch. Es reizt die Augen so stark, dass sie tränen. Und jeder Feind sucht rasch das Weite.

Der Teichfrosch

Teichfrösche hörst du schon von weitem. Wenn sie rufen, erscheinen in ihren Mundwinkeln runde Schallblasen. Fängt ein Frosch im Teich an zu quaken, stimmen bald die anderen Männchen ein. Die Weibchen hören dieses Froschkonzert und lassen sich dadurch anlocken. Bald findest du die gallertigen Ballen (Laich) mit vielen hundert Froscheiern im Wasser und Wochen später die schwarzen Kaulquappen. So heißen die Froschlarven.

Steckbrief

- Größe: 9–12 cm lang
- Auffällige Merkmale: grün mit dunklen Flecken; beim Quaken 2 Schallblasen neben dem Maul
- Nahrung: Insekten und deren Larven, Spinnen
- Wissenswertes: Lurch; häufigster Frosch bei uns; lebt meist im Wasser; ist tagsüber aktiv

Grünfrösche voller Rätsel

Die grünen Frösche, die vielleicht auch in deinem Gartenteich leben, geben uns Rätsel auf. Nach ihrer Färbung, ihren Körpermaßen und Rufen zu urteilen, leben bei uns drei verschiedene Arten von Grünfröschen: der Seefrosch, der Kleine Wasserfrosch und der Teichfrosch. Seit kurzer Zeit wissen wir aber, dass ausgerechnet der häufigste Teichfrosch keine echte Art ist. Er ist vielmehr eine Mischung aus See- und Wasserfrosch. Teichfrösche können sich offensichtlich untereinander nicht fortpflanzen, sondern nur mit einem See- oder einem Wasserfrosch. Vielleicht sind wir Zeugen, wie sich gerade eine neue echte Art entwickelt: der Teichfrosch. Kompliziert, nicht wahr?

Schau genau hin …

Ein Teichfrosch, der am Ufer sitzt, lauert auf Beute. Landet eine Fliege oder Libelle vor seinem Maul, überrascht er sie mit einem Sprung. Dabei schnellt seine klebrige Zunge hervor und packt das Insekt. Langsame Beutetiere wie Würmer und Schnecken schnappt er sich rasch mit dem Maul.

Der Grasfrosch

Steckbrief

- Größe: 7–9 cm lang
- Auffällige Merkmale: hellbraun mit dunklen Flecken
- Nahrung: Insekten, Insektenlarven, Spinnen, Würmer, Asseln, Schnecken
- Wissenswertes: Lurch; lebt meist an Land; ist in der Dämmerung aktiv

Der Grasfrosch hält sich die meiste Zeit seines Lebens an Land auf. Anders als die grünen Teichfrösche, die sich als Wasserfrösche meist im Wasser aufhalten, ist er ein richtiger Landfrosch. Nur zur Eiablage braucht er das Wasser. Der Grasfrosch bewohnt die feuchten Wiesen, hellen Laubwälder und verwilderten Gärten rund um den Teich, in dem er geboren wurde. Hier jagt er Insekten, Spinnen und andere Kleintiere.

Grasfrösche sind als Erste im Teich

Im Frühjahr sind Grasfrösche die ersten Lurche, die ihre Winterverstecke verlassen und in den Teichen auftauchen. Oft kannst du schon im Februar das leise Knurren der Männchen hören. Grasfrösche quaken nämlich nicht. Ihre Laute erinnern eher an das Schnurren einer Katze. Meist erreichen alle Grasfrösche eines Gebiets innerhalb weniger Tage ihr Gewässer. Männchen und Weibchen finden sich zu Paaren zusammen. Und bald schwimmen auf der ganzen Wasseroberfläche die gallertigen Laichballen. Während die Grasfrösche zu ihren Lebensräumen an Land zurückkehren, machen sich zahlreiche Räuber über die vielen Eier her: Dazu gehören Enten, Molche und Fische.

Jetzt kannst du dir sicher auch erklären, warum jedes Weibchen jedes Jahr rund 4.500 Eier legt!

Schau genau hin ...

Direkt hinter den Augen des Grasfroschs befindet sich das runde Trommelfell. Es gehört zum Gehör des Froschs. Es nimmt die knurrenden Laute anderer Frösche auf und leitet sie an das Gehirn weiter.

Der Laubfrosch

Wenn du einen Laubfrosch sehen möchtest, gehst du am besten zu dem sonnigen Ufer einer Kiesgrube. Halt dort Ausschau nach Schilfhalmen oder blühenden Sträuchern mit großen Blättern. Der Laubfrosch ist nicht leicht zu entdecken, denn er kann seine Hautfarbe ändern: Er kann auf einem Blatt grasgrün, auf Baumrinde braun und auf Kieseln aschgrau aussehen. Meist schmiegt sich der Laubfrosch ganz eng an einen Ast.

Steckbrief

- Größe: 4–5 cm lang
- Auffällige Merkmale: grün; Finger und Zehen enden in runden Haftscheiben; Männchen mit großer Schallblase unter dem Maul
- Nahrung: Fliegen, Käfer
- Wissenswertes: Lurch; einziger Frosch bei uns, der in Bäumen und Sträuchern klettert

Laubfrösche rufen in der Dämmerung

Der glatthäutige Laubfrosch verbringt den größten Teil seines Lebens auf Bäumen und in Sträuchern. An warmen Abenden im Frühsommer steigen die Männchen zum Wasser hinab. Sie setzen sich ins seichte Wasser oder verstecken sich unter Grasbüscheln. Laut rufen sie „kä … kä .. kä . käkä …" – das klingt wie das Klappern einer alten Schreibmaschine. Später in der Nacht erscheinen die Weibchen, die von den Rufen der Männchen angelockt werden. Am nächsten Morgen liegt die Kiesgrube wie verlassen da. Nur die kleinen Eiballen, die an den Unterwasserpflanzen kleben, erinnern noch an das nächtliche Froschkonzert.

Schau genau hin …

Ein Frosch atmet wie wir über Lungen. Das kannst du auch sehen. Beobachte einen Laubfrosch oder einen anderen Frosch: Jedes Mal, wenn er die weiche Haut unter seinem Maul anhebt, presst er frische Luft in seine Lungen. Er kann aber auch den Sauerstoff aus der Luft über seine Haut aufnehmen.

Die Bachforelle

Steckbrief

- Größe: 25–50 cm
- Gewicht: bis 1,5 Kilogramm
- Auffällige Merkmale: kleine Fettflosse zwischen Rücken- und Schwanzflosse; dunkle Flecken auf der Oberseite
- Nahrung: Flohkrebse; im Wasser lebende Insektenlarven; fliegende Insekten
- Wissenswertes: Knochenfisch; lebt in Bächen und Flüssen; ein gut schmeckender Speisefisch

Die Bachforelle lebt in Bächen mit kühlem, glasklarem, rasch fließendem Wasser. Biologen nennen die Bereiche von Gewässern, in denen Bachforellen leben, auch Forellenregion. Die Farbe der Forellen hängt von ihrer Umgebung ab: Je nach Untergrund nimmt die Bachforelle eine andere Färbung an. In schnell fließenden Bächen hat sie eine Fleckenzeichnung, in langsam fließenden Flüssen ist sie einfarbig dunkel.

Leben im strömenden Wasser

Damit das schnell fließende Wasser sie nicht mitreißt, stehen Bachforellen meist mit dem Kopf gegen die Strömung. Hier lauern sie auf kleine Beutetiere, die die Strömung direkt in ihr Maul treibt. Die Bachforelle ernährt sich aber auch von Insektenlarven, die am Bachgrund leben, und von fliegenden Libellen, die knapp über der Wasseroberfläche fliegen. Wenn du wissen willst, wie sich ein Fisch ernährt, musst du auf seine Mundöffnung schauen: Bei der Bachforelle befindet sie sich an der Spitze des Kopfs wie bei vielen Fischen, die als Räuber andere Tiere erbeuten.

Schau genau hin …

Betrachte einmal genau den Körper einer Bachforelle. Sie hat – wie jeder Fisch – zahlreiche Flossen. Hinter dem Kopf befinden sich 2 Brustflossen. Unten am Bauch liegen die beiden Bauchflossen. Weiter hinten am Bauch siehst du die Afterflosse, die in der Nähe der Afteröffnung liegt. Am Körperende sitzt die Schwanzflosse und oben auf dem Rücken die Rückenflosse. Bei jeder Fischart sehen die Flossen unterschiedlich aus: Mal sind sie länger, mal kürzer, mal breiter, mal schmaler. Die Bachforelle hat, wie alle Lachsfische, noch eine zusätzliche Flosse am Rücken: die Fettflosse (siehe Foto rechts).

Der Karpfen

Ein Bereich unserer Flussläufe ist nach dem Karpfen benannt: die Karpfenregion. Hier ist der Fluss ganz breit. Das trübe, oft sauerstoffarme Wasser fließt nur ganz langsam. Am Ufer wachsen dichte Schilf- und Rohrpflanzen. Im Sommer legen die Karpfen-Weibchen ihre Eier auf die Wasserpflanzen. Schon nach 3–5 Tagen schlüpfen dann die kleinen Jungfische.

Steckbrief

- Größe: meist bis 40 cm, maximal 1 m lang
- Gewicht: meist bis 1 Kilogramm, maximal 30 Kilogramm
- Auffällige Merkmale: lange Rückenflosse, je 2 kurze und längere Bartfäden um das Maul
- Nahrung: Muscheln, Schnecken, kleine Krebstiere, im Wasser lebende Insektenlarven, Pflanzenteile
- Wissenswertes: Knochenfisch; wird vom Menschen gezüchtet und in Karpfenteichen gehalten

Der Karpfen ist der älteste Zuchtfisch

Schon vor über 2.000 Jahren wurden Karpfen in China, später auch bei uns, in besonderen Teichen gehalten. Heute werden sie fast auf der ganzen Welt gezüchtet und gegessen. Die gezüchteten Karpfen tragen ein anderes Schuppenkleid als die Wildkarpfen: Gezüchtete Karpfen haben wenige große Schuppen, die unregelmäßig über den ganzen Körper verteilt sind. Einige haben sogar gar keine Schuppen mehr: die Lederkarpfen.

Schau genau hin ...

Der Karpfen kann sein Maul wie ein Teleskop hervorstülpen. Er durchwühlt den weichen Flussgrund nach Muscheln, Würmern und anderen Beutetieren. Dabei wirbelt er viele Schwebstoffe hoch, so dass das Wasser noch trüber wird. Jetzt fragst du dich bestimmt, wie der Karpfen im trüben Wasser überhaupt Nahrung finden kann. Ganz einfach: Mit den Bartfäden, die er um sein Maul hat, kann er sie ertasten.

Der Bitterling

Steckbrief

- Größe: 7–9 cm lang
- Auffällige Merkmale: silbrig glänzende Schuppen; Männchen schillert im April und Mai in allen Regenbogenfarben
- Nahrung: Algen, kleine Würmer, im Wasser lebende Insektenlarven
- Wissenswertes: Knochenfisch; lebt in stehenden und ruhig fließenden Gewässern

Am Teichgrund steckt eine Teichmuschel im Sand. Aus ihrem Hinterende ragen zwei Öffnungen. Durch die eine saugt die Muschel das Wasser ein, aus der anderen strömt es wieder heraus. Was hat diese Teichmuschel mit einem Fisch zu tun? Ganz einfach: Nur da, wo die Teichmuschel vorkommt, können Bitterlinge leben. Denn der Nachwuchs der Bitterlinge kann nur im Innern von Teichmuscheln schlüpfen.

Kein Nachwuchs ohne Teichmuschel

Zur Laichzeit im Frühjahr bekommt das Männchen einen rötlichen Bauch und blaue Seiten. Auch das Weibchen verändert sich: An seinem Bauch wächst eine 4–5 cm lange, schlauchförmige Röhre. Das ist die Legeröhre. Wenn das Männchen eine Teichmuschel gefunden hat, lockt es das Weibchen an, das mit der Legeröhre tastend die Öffnungen der Muschel findet und Ei für Ei in diese hineindrückt. Das Männchen gibt gleichzeitig seinen Samen über der Einströmöffnung ab. Er gelangt mit dem Atemwasser ins Muschelinnere. Hier werden die Eier befruchtet. In der Muschel sind sie vor Feinden geschützt und werden ständig mit frischem Wasser versorgt. Nach 22 Tagen schlüpfen die winzigen Bitterlinge, die nach ein paar Tagen mit dem ausströmenden Wasser die Muschel verlassen.

Schau genau hin …

Teichmuscheln brauchen klares, sauberes Wasser. Da in viele unserer Gewässer aber giftiges Abwasser geleitet wird, ist das Wasser oft trüb und schmutzig. Deshalb gibt es bei uns immer weniger Teichmuscheln und somit auch weniger Bitterlinge.

Der Flusswels

Der größte Wels Europas ist der Flusswels. Er hat einen breiten Kopf und eine lange Afterflosse. Der Flusswels lebt am weichen Boden tieferer Seen und ruhig fließender Flüsse. Hier ist das Wasser meist trüb und dunkel. Gute Augen würden ihm im trüben Wasser nichts nützen. Er verlässt sich deshalb auf seine langen Bartfäden am Kopf. Mit ihnen tastet er die Umgebung ab. Außerdem kann er gut hören.

Steckbrief

- Größe: bis 3 m lang
- Gewicht: bis zu 150 Kilogramm
- Auffällige Merkmale: schuppenlose Haut, großes und breites Maul mit 6 Bartfäden
- Nahrung: Fische, Krebse, Frösche, auch Wasservögel
- Wissenswertes: Knochenfisch; bei uns der größte Süßwasserfisch; verbringt den Winter im Bodenschlamm der Gewässer

Der Wels ist ein gefräßiger Räuber

Nur als junger Fisch gibt er sich mit kleiner Beute zufrieden. Mit ihrem breiten Maul verschlingen große Flusswelse alles, was sie überwältigen können. Die Hauptnahrung der Flusswelse sind Fische. Aber manchmal fressen sie auch Frösche, Wasservögel oder sogar kleine Säugetiere, wie zum Beispiel Wasserratten. Tagsüber liegt der Wels regungslos auf dem Boden des Gewässers. Erst nachts wird er munter. Dann geht er auch im flachen Wasser auf Beutezug.

Schau genau hin …

Das Welsmännchen baut im Frühjahr im flachen Wasser aus Pflanzen ein Nest. In dieses legt das Weibchen bis zu 200.000 Eier. Jedes Ei misst nur 3 mm. Das Männchen bewacht das Eigelege. Bald schlüpfen die Jungen, die so ähnlich wie Kaulquappen aussehen. Sie bleiben noch eine Weile im Nest unter der Obhut des Vaters.

Der Aal

Steckbrief

- Größe: 40–70 cm, Weibchen bis 150 cm lang
- Gewicht: bis 6 Kilogramm
- Auffällige Merkmale: schlangenähnlicher Körper
- Nahrung: Würmer, Krebstiere, Fischlaich, kleine Fische, im Wasser lebende Insektenlarven
- Wissenswertes: Knochenfisch; geht nachts auf Beutejagd; kommt im Meer zur Welt, wandert dann in einen Fluss

Schon vor 100 Jahren wussten Biologen, dass Aale von den Flüssen ins Meer wandern. Aber sie wussten nicht, wo die Aale zur Welt kommen. In unseren Flüssen fanden sie nämlich nur erwachsene Aale, nie aber ihre Eier und Larven. Deshalb fuhr 1904 ein Forschungsschiff hinaus auf den Atlantischen Ozean, um das Rätsel zu lösen. Weit draußen im Meer fanden die Forscher eine kleine Aal-Larve.

Kinderstube im Saragossa-Meer

Die Aale kommen also im Saragossa-Meer (im Atlantik) zur Welt. Die winzigen Aal-Larven sehen wie kleine, durchsichtige Blätter aus. Mit dem Golfstrom, einer breiten warmen Meeresströmung, lassen sie sich in riesigen Schwärmen treiben und gelangen nach 3 Jahren an die Küste Europas. Die Larven sind nun fast 7 cm lang. Weil sie immer noch durchsichtig sind, heißen sie Glasaale. Vom Meer aus gelangen sie in verschiedene Flüsse, wo sie mehrere Jahre leben. Hier gehen sie nachts auf Beutefang. Den Winter über graben sie sich in den Schlamm am Flussgrund ein. Bald sind die Aale ausgewachsen und ganz dunkel gefärbt. Nach 8–12 Jahren im Fluss starten sie ihre Reise zurück zum Saragossa-Meer. Den Weg finden sie durch bestimmte Duftstoffe. Eineinhalb Jahre brauchen sie für ihre 6.000 Kilometer lange Wanderung dorthin. In 500 Meter Tiefe legen sie dann ihre Eier ab. Danach sterben sie.

Schau genau hin …

Die meisten Fische schwimmen durch Bewegen ihrer Schwanzflosse. Mit den Brust- und Bauchflossen steuern sie. Der Aal hat nur noch winzige Reste seiner Flossen. Deshalb bewegt er seinen ganzen Körper, ähnlich wie eine Schlange, wenn er sich fortbewegen möchte.

Der Hecht

Regungslos und gut getarnt versteckt sich der Hecht zwischen Wasserpflanzen. Wenn sich ein Karpfen nähert, schießt der Hecht aus seinem Versteck hervor und schnappt zu. Lange, nadelspitze Fangzähne halten den Karpfen fest. Schließlich verschluckt der Räuber seine Beute mit dem Kopf voran. Weil er sein Maul weit öffnen kann, verschlingt er auch Beutetiere, die fast so groß sind wie er selbst.

Steckbrief

- Größe: 90–150 cm lang
- Gewicht: bis 20 Kilogramm
- Auffällige Merkmale: großer Kopf mit breiter Schnauze, schlank
- Nahrung: Fische, junge Enten und andere Wasservögel, Frösche, Ratten, Mäuse
- Wissenswertes: Knochenfisch; gefräßiger Raubfisch; lauert versteckt auf Beute

Der Hecht ist ein erfolgreicher Fischjäger

Manche Menschen nennen ihn deshalb auch „Süßwasserhai". Süßwasser werden alle Gewässer genannt, deren Wasser nicht salzig ist: also Flüsse, Bäche, Teiche und Seen. Nach dem Wels ist der Hecht der zweitgrößte Fisch Deutschlands. Weibliche Hechte sind meist viel größer als die männlichen. Im Frühjahr suchen sie am liebsten überschwemmte Wiesen auf. Können sie keine finden, schwimmen sie ins flache Wasser am Ufer. Dort legt das Weibchen eine große Anzahl Eier zwischen den Pflanzen ab. Bald schlüpfen die jungen Hechte. Eier und Junghechte werden gern von anderen Fischen, Enten, Käfern und Insektenlarven gefressen. Meist wachsen nur 4 oder 5 Fische aus dem riesigen Eigelege zu großen Hechten heran. Das reicht jedoch, damit es immer genügend Hechte in unseren Gewässern gibt.

Schau genau hin …

Die Rücken- und Afterflosse sitzen ganz weit hinten am Körper des Hechtes. Wenn er sie zusammen mit der kräftigen Schwanzflosse bewegt, kann er nach vorne schnellen. Dann packt er die Beute mit seinen scharfen Zähnen. Entflieht dem Hecht ein Opfer, jagt er ihm nicht hinterher. Er lauert einfach auf das nächste.

Der Dreistachelige Stichling

Steckbrief

- Größe: 5–8 cm lang
- Gewicht: rund 3 Gramm
- Auffällige Merkmale: 3 bewegliche Stacheln auf dem Rücken; Männchen im Frühjahr bunt gefärbt
- Nahrung: verschiedene im Wasser lebende Kleintiere, auch Fischeier und frisch geschlüpfte Fische
- Wissenswertes: Knochenfisch; Männchen bewacht Eier und Junge; gehört zu den kleinsten heimischen Fischen

Der Stichling lebt in Wassergräben, Tümpeln und Teichen. Den Winter verbringt er in kleinen Schwärmen. Im Frühjahr lösen sich die Schwärme auf. Denn dann ist Fortpflanzungszeit. Und wie bei vielen Fischarten üblich färbt sich auch das Stichling-Männchen in dieser Zeit bunt. Es bekommt einen leuchtend roten Bauch. Die auffällige Färbung soll Weibchen anlocken.

Ein Nest am sandigen Gewässergrund

Das Männchen besetzt ein Revier im flachen Uferwasser. Heftig wird jeder Eindringling angegriffen und vertrieben. Aus Pflanzenteilen baut es am Boden ein walnussgroßes Nest mit einem Eingang und einem Ausgang. Nähert sich ein Weibchen, schwimmt das Männchen in Zickzacklinien zum Nest. Das Weibchen folgt ihm. Im Nest legt das Weibchen bis zu 100 Eier ab. Wenn es das Nest verlassen hat, schwimmt das Männchen hinein und befruchtet die Eier mit seinem Samen. Nun beschützt das Männchen das Nest vor Räubern. Mit den Brustflossen fächelt es frisches Wasser für die Eier herbei. Wenn die Jungen geschlüpft sind, werden sie noch einige Tage vom Vater bewacht. Biologen nennen dieses Verhalten Brutpflege.

Schau genau hin …

Obwohl er so klein ist, hat der Stichling nur wenige Feinde, denn auf seinem Rücken befinden sich drei kräftige Stacheln. Normalerweise kannst du sie nicht sehen, weil sie angelegt sind. Bei Gefahr stellt der Stichling sie aber sofort auf. Nicht einmal mit viel Kraft könntest du sie umbiegen – sie bleiben einfach stehen.

Die Flunder

Die Flunder ist ein merkwürdiger Fisch. Ihr Körper ist ganz flach. Die Flossen umgeben ihren Körper wie einen Saum und heißen daher Flossensaum. Mit der Bauchseite liegt die Flunder auf dem Grund. Meist gräbt sie sich tagsüber in den sandigen Boden ein. Damit kein Feind sie entdecken kann, verfärbt sich die Körperoberseite der Flunder zusätzlich noch in der Farbe des Untergrunds.

Steckbrief

- Größe: bis 50 cm lang
- Gewicht: bis 2,5 Kilogramm
- Auffällige Merkmale: stark abgeflachter Körper; beide Augen auf der Oberseite
- Nahrung: Muscheln, Würmer, Flohkrebse, Garnelen, kleine Fische
- Wissenswertes: Knochenfisch; lebt im Salz- und Süßwasser; liegt flach auf dem Boden

Das Leben der Flunder beginnt wie das anderer Fische

Die jungen Larven schwimmen aufrecht im Wasser wie jeder andere Fisch. Erst im Lauf ihrer Entwicklung gehen sie zum Bodenleben über. Die jungen Fische legen sich auf die linke Körperseite, die nun ihre Bauchseite wird. Das linke Auge wandert auf die rechte Körperseite, die ja nun die Oberseite ist. Nun schwimmen die Flundern auf der Seite und bewegen dabei ihren Flossensaum wellenförmig.

Schau genau hin …

Neben der Flunder gibt es noch andere Fischarten, die auf dem Boden leben. Sie heißen Plattfische. Dazu gehören Schollen und Seezungen. Auch bei ihnen wird eine Körperseite zur Bauchseite und beide Augen liegen auf der Oberseite. Schau dir bei deinem nächsten Besuch im Fischgeschäft diese Plattfische mal genauer an.

Der Katzenhai

Steckbrief

- Größe: 60–80 cm lang
- Auffällige Merkmale: lang gestreckt; an den Seiten hinter dem Kopf je 5 Kiemenspalten
- Nahrung: kleine Fische, Krebse, Muscheln, Schnecken
- Wissenswertes: Knorpelfisch; für den Menschen völlig harmlos; lebt in der Nordsee

Der Katzenhai gehört zu den Knorpelfischen. Sein Skelett besteht nicht wie bei den Knochenfischen aus Knochen, sondern aus Knorpel. Der Katzenhai lebt nicht im Süßwasser, sondern im salzigen Meerwasser. Tagsüber liegt er träge auf dem sandigen Meeresgrund vor unseren Küsten. Nachts macht er Jagd auf Heringsfische und Krebse. Da Katzenhaie nicht besonders groß werden, kannst du sie in den meisten größeren Meeresaquarien sehen.

Haie sind Knorpelfische

Schau dir einmal einen Hai genau an und vergleiche ihn mit einem Knochenfisch. Der Hai sieht anders aus: Hinter seinem Kopf hat er auf jeder Seite fünf Kiemenspalten. Dahinter liegen die Kiemen, mit denen er atmet. Der Hai nimmt das Wasser mit dem Maul auf. Es strömt durch die Kiemen und verlässt den Körper durch die Kiemenspalten. Im Maul des Hais fallen dir sicher die spitzen Zähne auf. Sie stehen in vielen Reihen hintereinander. Wenn ein Zahn abgenutzt ist oder ausfällt, schiebt sich gleich der dahinter stehende Zahn nach vorne. Das Gebiss ist wieder vollständig. Biologen nennen das Haigebiss auch Revolvergebiss, weil jeder Zahn sofort ersetzt wird. Auch die Haut des Hais ist mit feinen Zähnen besetzt und fühlt sich wie raues Schmirgelpapier an.

Schau genau hin …

Der Katzenhai legt viereckige Eier (Foto rechts). Sie sind 6 cm lang. Mit den gewundenen Fortsätzen ist das Ei an Steinen, Algen oder Tangen verankert. Durch die durchsichtige Eihülle kannst du beobachten, wie sich der junge Katzenhai entwickelt. Nach Stürmen kannst du die Eier häufig am Strand finden.

> 💡 **Achtung!**
>
> Alle Lurche stehen unter strengem Naturschutz. Deshalb ist das Sammeln von Laich, Kaulquappen und erwachsenen Lurchen verboten.

Die Wanderung der Lurche

Lurche (Frösche, Kröten, Unken und Molche) legen ihre Eier im Wasser. Lurche können nur da leben, wo es Gewässer gibt. Denn nur im Wasser können sich die Larven zu ausgewachsenen Tieren entwickeln.

Deshalb wandern die Lurche jedes Jahr im Frühjahr von ihrem Winterversteck zum nächsten Gewässer. Dann erklingt am Teich das Konzert der Frösche und Kröten. Mit lauten Rufen locken die Männchen die Weibchen an. Die Männchen der Molche sehen wie kleine Drachen aus, denn sie werben nicht mit lauten Rufen um die Weibchen, sondern mit bunten Gewändern.

Die Paarung der Frösche

Haben sich zwei gefunden, klettert das Männchen auf den Rücken des Weibchens. Sobald das Weibchen seine Eier ins Wasser legt, gibt das

Die Wanderung zu den Laichgewässern

Damit die Lurche bei ihrer Wanderung nicht von Autos überfahren werden, stellen Naturschützer Krötenzäune entlang der Straßen auf. Die Lurche sammeln sich hinter dem Zaun und die Menschen tragen sie über die Straße.

Lurcheier

Die Eiballen von Lurchen heißen Laich. Schon am Laich kannst du erkennen, welche Lurche ihn gelegt haben:

- Molche wickeln ihre Eier einzeln in eingeknickte Blätter von Wasserpflanzen ein.
- Kröten legen ihre Eier in Schnüren ab; die Eier sind dabei stets in 2 Reihen nebeneinander angeordnet.
- Der Laubfrosch legt seine walnussgroßen Eiballen am Gewässergrund ab.
- Die Laichballen aller Frösche sind so groß wie eine Faust und enthalten sehr viele Eier. Die Laichballen der Grünfrösche sinken auf den Gewässergrund, die der Braunfrösche schwimmen an der Wasseroberfläche.
- Unken legen ihre Eier einzeln oder in kleinen Klümpchen ab.

Männchen Samen ab. So werden die Eier befruchtet und können sich zu Larven entwickeln.

Von der Larve zum Lurch

Nach der Eiablage bleiben Molche und die meisten Frösche im Wasser, während viele Kröten an Land leben. Bald kannst du dann die Molchlarven und Kaulquappen im Wasser schwimmen sehen. Kaulquappen heißen die Larven von Fröschen, Kröten und Unken. Innerhalb von mehreren Wochen entwickeln sich die Larven zu ausgewachsenen Lurchen.

Im Herbst verlassen alle Lurche das Gewässer und suchen ein Versteck zwischen Laub, unter Steinen oder in Erdhöhlen auf. Hier verbringen sie den Winter.

Insekten gehören zu den wirbellosen Tieren. Wirbellose Tiere besitzen im Gegensatz zu Wirbeltieren keine Wirbelsäule. Neben den Insekten gehören auch Tiere wie Krebse, Würmer und Spinnen zu den wirbellosen Tieren. Insekten bilden nicht nur die größte Gruppe der Wirbellosen, sondern die größte Tiergruppe überhaupt. Uns sind bisher weltweit über eine Million verschiedene Insektenarten bekannt. Und täglich werden neue Insektenarten entdeckt.

Was ist ein Insekt?

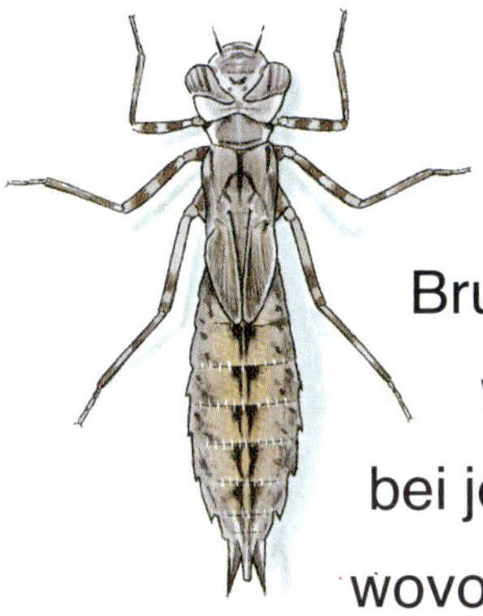

Der Körperbau eines Insekts

Der Körper der Insekten besteht immer aus drei Teilen: Kopf, Brust und Hinterleib. Am Kopf kannst du die Fühler und die Mundwerkzeuge erkennen. Die Mundwerkzeuge sehen bei jeder Insektenart etwas anders aus – je nachdem, wovon sie sich ernährt. Oben an der Brust sitzen die zwei Flügelpaare und unten die Beine. Alle Insekten haben 6 Beine – daran kannst du sie von anderen kleinen Krabbeltieren unterscheiden. Insekten haben keine Nase. Sie atmen durch Atemöffnungen am Hinterleib. Zu den Insekten gehören so unterschiedliche Gruppen wie Heuschrecken, Libellen, Käfer, Wanzen, Schmetterlinge, Fliegen, Bienen und Ameisen.

Daran erkennst du eindeutig ein Insekt

- Der Körper ist in 3 Teile gegliedert: Kopf, Brust und Hinterleib
- Alle Insekten haben 6 Beine
- Am Kopf sitzen die Mundwerkzeuge, die – je nach Insektenart – sehr verschieden aussehen können

Die Blaugrüne Mosaikjungfer

Die Blaugrüne Mosaikjungfer ist eine der größten Libellenarten, die bei uns lebt. Sie gehört zu den Großlibellen. Sie hält sich nicht nur am Ufer von Teichen auf, sondern auch auf Waldlichtungen oder an Waldwegen. Im Flug fängt die Blaugrüne Mosaikjungfer mit ihren langen Beinen – die sie wie einen Fangkorb einsetzt – Schmetterlinge, Bienen und Fliegen. Kleinere Beute verspeist sie gleich im Flug.

Steckbrief

- Größe: 6,5–8 cm lang
- Flügelspannweite: 9,5–11 cm
- Auffällige Merkmale: 4 große Flügel, dünner, langer Hinterleib mit Farbmuster, riesige Augen
- Nahrung: Insekten, auch Bienen
- Wissenswertes: Großlibelle; lebt an Teichen und Weihern; Libellenlarven werden 1–2 Jahre alt; fertige Libellen leben meist nur wenige Wochen lang

Die Larven leben im Wasser

Libellen legen ihre Eier ins Wasser, die dann zu Boden sinken. Hier schlüpfen die kleinen bräunlichen Larven, die ganz anders aussehen als erwachsene Libellen. Im Schlamm am Teichboden versteckt, lauern die Larven auf Beute. Ein Wissenschaftler hat einmal gezählt, was eine Larve alles frisst: 3.037 Mückenlarven, 164 Mückenpuppen, 17 Wasserschnecken, 21 Würmer, 18 Kaulquappen, 3 kleine Fische und 17 andere Libellenlarven. Wenn die Larve groß genug ist, klettert sie einen Schilfstängel hoch und verlässt das Wasser. Dann platzt die Rückenhaut auf und die fertige Libelle kriecht langsam daraus hervor. Die noch feuchte Libelle lässt sich von der Sonne trocknen und fliegt dann los.

Schau genau hin ...

Die Blaugrüne Mosaikjungfer und einige andere Libellenarten sind nicht sehr scheu und nähern sich dir bis auf wenige Zentimeter. Dann brauchst du keine Angst zu haben. Libellen tun dir nichts. Sie sind völlig harmlos! Sie können auch nicht stechen! Die Zangen am Ende ihres Hinterleibs sind keine Waffen. Mit ihnen packt das Männchen bei der Paarung das Weibchen hinter dem Kopf und hält es fest.

Die Azurjungfer

Steckbrief

- Größe: 3,5 cm lang
- Flügelspannweite: 4–5 cm
- Auffällige Merkmale: 4 große Flügel, dünner langer Hinterleib, Männchen stahlblau und Weibchen grünlich gefärbt
- Nahrung: Insekten, auch Bienen
- Wissenswertes: Kleinlibelle; Männchen und Weibchen bilden bei der Paarung ein Rad: das Paarungsrad

Von April bis September sieht man an den Ufern von Teichen und Seen viele Libellen. Hier kannst du nun häufig die kleinen Azurjungfern antreffen. Wenn sie auf einem Stängel sitzen, legen sie ihre Flügel auf dem Rücken zusammen. Alle Libellen, die dies tun, gehören zu einer Gruppe: den Kleinlibellen. Großlibellen hingegen, wie zum Beispiel die Blaugrüne Mosaikjungfer, strecken ihre Flügel im Sitzen seitlich aus.

Libellen paaren sich im Rad

Merkwürdig: Manche Libellen fliegen nicht allein, sondern sind zu zweit aneinander gekoppelt. Warum wohl? Ganz einfach – so paaren sich die Libellen. Die Männchen besitzen am Ende ihres Hinterleibs ein Paar Zangen. Mit diesen packt das Männchen das Weibchen im Flug hinter dem Kopf. Nun krümmt das Weibchen sich nach vorne und berührt mit seinem Hinterleibsende den Bauch des Männchens. Hier nimmt das Weibchen die Samen zur Befruchtung seiner Eier auf. Diese herzförmige Flugfigur heißt Paarungsrad. Nach der Paarung löst sich das Rad zwar auf, aber das Männchen hält das Weibchen weiterhin hinter dem Kopf gepackt. Diese Flugformation heißt Tandem. So begleitet das Männchen das Weibchen zur Eiablage.

Schau genau hin ...

Am Gartenteich kannst du die Flugkünste der Libellen beobachten: Sie fliegen mit rasanter Geschwindigkeit vorwärts, rückwärts und seitwärts. Auf kurzen Strecken können sie bis zu 100 Stundenkilometer schnell fliegen. Manchmal bleiben sie aber auch wie Hubschrauber in der Luft stehen.

Der Grashüpfer

Wenn du im Sommer über eine Wiese gehst, dann sei einmal ganz still: Hörst du ein vielstimmiges Zirpen? Und hüpfen bei jedem Schritt mittelgroße Insekten nach allen Seiten? Dann bist du mitten unter Grashüpfern. So heißen die Heuschrecken, die hier leben. Auf der Wiese finden sie reichlich Nahrung. Mit ihren kräftigen Kiefern zerschneiden sie die Grashalme. Nachts ruhen die Grashüpfer meist aufrecht an Pflanzenstängeln.

Steckbrief

- Größe: 1,5–2,5 cm lang
- Auffällige Merkmale: grün oder braun gefärbt; sehr lange Hinterbeine; Weibchen mit langem Legebohrer am Hinterleib
- Nahrung: Gras
- Wissenswertes: die häufigste Heuschrecke bei uns; lebt auf Wiesen

Wie Heuschrecken zirpen

Den Gesang der Heuschrecken nennt man Zirpen. Sie erzeugen diese Töne so ähnlich wie ein Violinist, der mit seinem Bogen über die Saiten einer Geige streicht. Der dicke Oberschenkel an den Hinterbeinen der Heuschrecke ist der Bogen und eine harte Kante auf dem Vorderflügel die Saite. Streichen sie nun mit dem Oberschenkel über den Vorderflügel, dann zirpen sie eine Melodie. Durch das laute Zirpkonzert finden die Männchen ihre Partnerin. Da es auf der Wiese viele verschiedene Heuschreckenarten gibt, entsteht ein richtiges Konzert; jede Heuschreckenart singt ein anderes Lied. Doch wo haben Grashüpfer ihre Ohren? Auf ihrem Hinterleib sitzt ganz vorne auf jeder Seite ein Trommelfell, mit dem sie hören. Bei anderen Heuschreckenarten liegen die Ohren übrigens in den Vorderbeinen.

Schau genau hin ...

Die Weibchen kannst du ganz einfach von den Männchen unterscheiden: Weibchen haben einen langen Auswuchs am Hinterleib. Biologen nennen ihn Legebohrer. Mit ihm legt das Weibchen seine Eier tief in den Erdboden.

Der Ohrwurm

Steckbrief

- Größe: bis 2 cm lang
- Auffällige Merkmale: am Hinterende 2 kräftige Zangen, beim Männchen stark gebogen
- Nahrung: vor allem Blattläuse, auch Fliegen und kleine Raupen sowie zarte Pflanzenteile
- Wissenswertes: kein Wurm, sondern ein Insekt; mit den Zangen verteidigt er sich, packt Beute und bringt das Weibchen bei der Paarung in die richtige Stellung

Einem Ohrwurm begegnest du meist zufällig, wenn du auf der Terrasse einen Pflanzenkübel verschiebst oder verwelkte Rosenblüten abschneidest. Dann huscht er aus seinem Versteck heraus und sucht rasch ein neues. Ohrwürmer werden auch Ohrenkneifer genannt. Ihren Namen tragen sie zu Unrecht: Sie kriechen nicht in Ohren und sie können nicht schmerzhaft kneifen.

Das Weibchen ist eine sorgsame Mutter

Das Weibchen legt im Winter etwa 50 Eier in eine Erdhöhle, die es zuvor selbst gegraben hat. Es bleibt bei den Eiern, befreit sie von Schimmelpilzen und vertreibt energisch jeden Eindringling, auch den Vater. Wenn dann die jungen Ohrwürmer geschlüpft sind, betreut die Mutter sie weiterhin. Bald verlassen die Jungen die Höhle, um draußen selbst nach Nahrung zu suchen. Einige Wochen lang kehren sie tagsüber aber zu ihrer Mutter in die Höhle zurück. Nach einiger Zeit löst sich die Familie dann auf.

Schau genau hin ...

Im Garten sind Ohrwürmer sehr nützlich. Denn auf ihren nächtlichen Streifzügen fressen sie viele Blattläuse. Tagsüber verstecken sie sich unter Steinen oder in Salatköpfen. Du kannst ihnen auch ein Versteck anbieten: Füll einen Blumentopf mit Holzwolle und häng ihn umgedreht in die Äste eines Baumes.

Die Grüne Stinkwanze

Sicher hast du das auch schon einmal erlebt: Du pflückst eine reife Himbeere, steckst sie dir in den Mund und spuckst sie sofort wieder aus, weil sie eklig schmeckt. Dann hat vor dir eine Stinkwanze an dieser Frucht genascht. Die Grüne Stinkwanze hat ihren spitzen Stechrüssel in die Himbeere gesteckt und den Saft getrunken. Mit ihren Stinkdrüsen hat die Wanze den Geschmack der Frucht verdorben.

Steckbrief

- Größe: 1–1,5 cm lang
- Auffällige Merkmale: langer Stechrüssel, der auf die Bauchseite geklappt wird; grün gefärbt, im Herbst braun
- Nahrung: Säfte von Früchten und Pflanzen
- Wissenswertes: größte heimische Wanze; lebt an Waldrändern, auf Wiesen und in Gärten

Wanzen haben Stinkdrüsen

Stinkwanzen besprühen ihre Feinde gezielt mit stinkenden Sekreten. Das kann dir auch passieren, wenn du eine Wanze anfasst und sie sich bedroht fühlt. Im Frühjahr legen die Weibchen ihre Eier, die wie winzige grüne Tischtennisbälle aussehen, auf die Unterseite von Blättern. Bald schlüpfen die Larven, die noch keine Flügel haben. Um wachsen zu können, müssen sich die Larven mehrmals häuten. Denn wie alle Insekten haben auch Wanzen einen festen Hautpanzer. Bei der Häutung schlüpfen sie aus dem alten Hautpanzer heraus. Unter diesem hat sich schon der neue gebildet. Er ist aber noch weich. Die Larven pumpen sich auf. Wenn dann der neue Panzer hart geworden ist, sind die Larven größer als vorher. Wanzenlarven häuten sich fünf Mal. Erst bei der letzten Häutung bekommen sie Flügel.

Schau genau hin ...

Auf den ersten Blick fällt es nicht leicht, eine Wanze von einem Käfer zu unterscheiden. Zwei Merkmale helfen dir, die beiden Insektengruppen sicher zu erkennen: Nur Wanzen haben einen Stechrüssel, den sie nicht einziehen können und der wie ein langes Rohr auf ihrem Bauch liegt. Du kannst ihn sehen, wenn du eine Wanze von der Seite anschaust. Nur bei Käfern kannst du deutlich die beiden harten Deckflügel erkennen, die den Rücken bedecken. Der Rücken der Wanzen scheint aus mehreren Teilen zu bestehen.

Die Blattlaus

Steckbrief

- Größe: 2–4 mm groß
- Auffällige Merkmale: tropfenförmiger Körper, grün, braun oder schwarz gefärbt
- Nahrung: Pflanzensaft
- Wissenswertes: Es gibt Blattläuse derselben Art mit und ohne Flügel

Ameisen und Bienen schätzen Blattläuse. Blattläuse ernähren sich von zuckerhaltigen Pflanzensäften. Den überschüssigen Zucker geben sie einfach als Kot ab. Und genau den fressen Ameisen. Sie melken sogar Blattläuse: Wenn Ameisen die Blattläuse mit ihren Fühlern berühren oder „betrillern“ (siehe Foto unten), geben die Läuse eine zuckerhaltige Flüssigkeit ab, die man „Honigtau“ nennt. Bienen sammeln ihn und machen daraus Tannenhonig.

Ein Jahr bei den Blattläusen

Im Frühjahr kannst du auch Blattläuse mit Flügeln beobachten. Sie suchen nach neuen Pflanzen, die sie besiedeln können. Hier bilden die Blattläuse eine neue Kolonie. Sie besteht nur aus Weibchen. Den ganzen Sommer lang gebären sie lebende Junge. Auch sie sind weiblich. Kaum auf der Welt können auch diese jungen Blattläuse erneut selber lebende Junge gebären. So wird die Kolonie rasch größer und größer. Im Herbst paaren sich die Weibchen mit den Männchen und legen danach Eier, die den Winter überstehen. Pflanzen leiden oft unter Blattläusen und können zugrunde gehen. Deshalb sind Blattläuse bei Gärtnern nicht gern gesehen und gelten als Schädlinge.

Schau genau hin …

Bei uns leben viele verschiedene Blattlausarten. Es gibt die Apfellaus, die Kirschenlaus, die Holunderblattlaus, die Himbeerlaus, die Möhrenlaus, die Bohnenlaus und viele andere. Ihre Namen verraten, an welcher Pflanze eine Art Saft saugt. Genauso zahlreich wie Blattlausarten sind auch ihre Feinde: Dazu gehören viele Insektenlarven, Florfliegen, Marienkäfer und Ohrwürmer.

Die Florfliege

Florfliegen kannst du bei uns das ganze Jahr über antreffen. Im Sommer fliegen sie abends durch das offene Fenster in die Wohnung, wenn drinnen Licht brennt. Und im Herbst suchen sich Florfliegen ein warmes Versteck hinter Bildern und Schränken, in Spalten und Ritzen. Hier verbringen sie den Winter. Im Frühjahr und im Sommer sind Florfliegen grün, im Herbst färben sie sich braun.

Steckbrief

- Größe: etwa 1 cm lang
- Auffällige Merkmale: zarter, grüner Körper; 4 Flügel, die sie dachförmig über dem Rücken zusammenlegt
- Nahrung: Pflanzenpollen, Nektar, Blattläuse
- Wissenswertes: färbt sich im Herbst braun, im Frühjahr wieder grün; ruht tagsüber an schattigen Stellen; wichtiger Blattlausjäger

Die Blattlauslöwen

Im Frühjahr klebt das Weibchen seine Eier in langen Reihen an Blätter und Stängel, die sich in der Nähe von Blattlauskolonien befinden. Die kleinen Eier hängen wie Luftballons an 1 cm langen Stielen. Wenn dann die 2 mm großen Larven schlüpfen, steht ihnen eine Kletterpartie bevor: Sie müssen sich erst an den Eistielen hinabhangeln, um auf den Boden zu gelangen. Weil sie massenhaft Blattläuse vertilgen, heißen sie auch Blattlauslöwen. Haben sie eine Blattlaus entdeckt, packen sie ihr wehrloses Opfer mit den dolchförmigen Saugzangen und saugen sie aus. Danach schleudern sie die leere Laushülle einfach auf ihren Rücken. Hier bleibt sie an den zahlreichen Borsten hängen. Bald sind die Larven vor lauter Laushüllen kaum noch zu erkennen.

Schau genau hin …

Florfliegen haben goldene Augen, die wie ein Regenbogen schillern. Da die Larven eifrige Blattlausjäger sind, werden sie auch gezüchtet. Die Eier kannst du kaufen. Sie kleben auf einem Stückchen Papier. Das hängst du in Zimmerpflanzen hinein, wenn sie voller Blattläuse sind. Bald schlüpfen die Larven und fressen die Blattläuse auf. Man nennt das biologische Schädlingsbekämpfung, weil dabei kein Gift verwendet wird.

Larve mit erbeuteter Blattlaus

Die Stechmücke

Steckbrief

- Größe: 4–6 mm lang
- Auffällige Merkmale: zarter Körper, 2 schmale Flügel, sehr langer Stechrüssel
- Nahrung: Weibchen: Blut, Männchen: Blütensaft
- Wissenswertes: Larven leben im Wasser; Entwicklung über Ei, Larve, Puppe zur erwachsenen Stechmücke

Steckmücken finden uns im Dunkeln, weil sie unsere Körperwärme und unseren Geruch wahrnehmen. Nur die Weibchen stechen. Sie brauchen Blut, bevor sie Eier legen können. Die Mücke bohrt ihren feinen Stechrüssel in die Haut, bis sie eine Ader getroffen hat. Dann saugt sie Blut und spritzt ihren Speichel in die Wunde. Dadurch bleibt das Blut flüssig und verklebt ihren Rüssel nicht. Wegen des Speichels wird der Stich noch eine Weile jucken.

Die Männchen sind keine Quälgeister

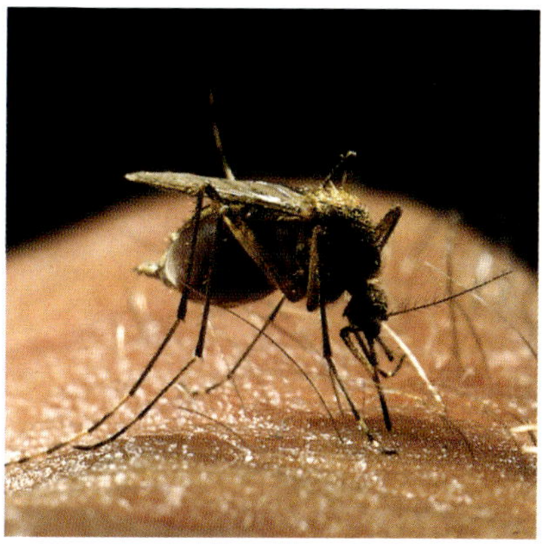

Die Männchen saugen kein Blut, sondern ernähren sich von Blütennektar und Wasser. Im Sommer tanzen sie häufig in großen Schwärmen in Wassernähe oder im Garten. Sie warten auf die Weibchen, um sich mit ihnen zu paaren. Nach der Paarung legt das Weibchen bis zu 300 Eier auf die Wasseroberfläche. Hier schwimmen sie aneinander geklebt wie kleine Schiffe. Biologen nennen sie Mückenschiffchen. Die Larven leben im Wasser. An ihrem Hinterende haben sie einen langen Schnorchel, mit dem sie sich an die Wasseroberfläche hängen. So können sie gleichzeitig Luft atmen und unter Wasser kleine Algen und Schwebstoffe fressen.

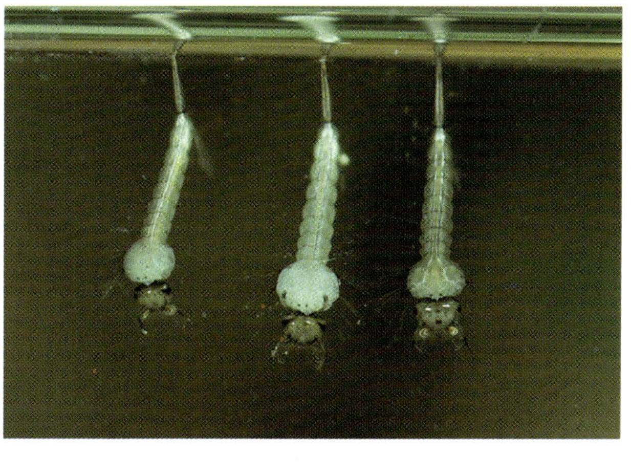

Schau genau hin ...

Stechmücken brauchen keinen großen Teich, um Eier zu legen. Ihnen reicht eine Regentonne, eine Gießkanne oder eine verstopfte Dachrinne. Hier können sich die Larven prächtig entwickeln, weil in diesen kleinen Wasserstellen keine Feinde leben. Die gibt es nur in Teichen und Seen: Viele Wasserinsekten, Frösche und Fische fressen massenweise Stechmückenlarven und tragen dazu bei, dass sich Stechmücken nicht zu stark vermehren.

Die Schwebfliege

Schwebfliegen können reglos in der Luft stehen, vorwärts, rückwärts und seitwärts fliegen, blitzschnell beschleunigen und abrupt bremsen. Die Weibchen legen ihre Eier in Blattlauskolonien. Wenn die Larven schlüpfen, befinden sie sich mitten unter ihrer Lieblingsspeise: Blattläusen. Bis zu 100 Läuse saugen sie an einem Tag aus. Dann verpuppen sie sich – und schon bald schlüpfen die fertigen Schwebfliegen.

Steckbrief

- Größe: 1–2 cm lang
- Auffällige Merkmale: sehr große Augen, schwarz-gelb gestreifter Hinterleib
- Nahrung: Blütensaft, Blütenpollen, Larven fressen Blattläuse
- Wissenswertes: sehr nützlich: Larven fressen Blattläuse, Schwebfliegen bestäuben Blüten

Schwebfliegen beeindrucken durch ihre Flugkünste

Schaust du genau hin, dann erkennst du, dass die Schwebfliege wie eine Stubenfliege im Wespenkostüm aussieht. Mit ihrer schwarz-gelben Tracht gaukelt sie Vögeln und Kröten vor, sie sei ein gefährliches Insekt. Die Nachahmung eines stechenden oder giftigen Insekts nennt man Mimikry. Dabei sind Schwebfliegen völlig harmlos. Sie besuchen Blüten, um Nektar zu saugen. Bei uns leben zahlreiche Schwebfliegenarten. Neben Arten, die Wespen ähneln, gibt es auch welche, die so ähnlich aussehen wie Bienen oder Hummeln.

Schau genau hin ...

Schwebfliegen kannst du leicht von Wespen und Bienen unterscheiden: Nur Schwebfliegen können wie ein Hubschrauber in der Luft stehen bleiben. Und sie können sogar rückwärts fliegen. Sie haben riesig große Augen, die fast den ganzen Kopf bedecken. Ihre kleinen Fühler sind kaum zu erkennen.

Die Stubenfliege

Steckbrief

- Größe: bis 1 cm lang
- Auffällige Merkmale: dunkelgraue Fliege, große Augen, kleine Fühler
- Nahrung: alles mit Zucker
- Wissenswertes: oft lästig; Larven leben in Kot, Mist und Kompost

Stubenfliegen leben da, wo Menschen wohnen. Besonders bei Tisch können sie so richtig lästig werden. Sie landen auf der Marmelade, dem Honig und dem Käse. Mit den Füßen nehmen sie den Geschmack dieser Speisen wahr. Schmeckt etwas süß, tupfen sie es mit ihrem Rüssel auf. Wenn du dein Essen vor Stubenfliegen schützt, ist das richtig. Stubenfliegen können nämlich Krankheiten übertragen, weil sie zwischen menschlicher Nahrung und Hundehaufen hin- und herfliegen.

Fliegen haben große Augen

Ihre Augen bestehen – wie die aller Insekten – aus vielen winzigen Einzelaugen. Bei manchen Insekten sind es bis zu 28.000 Stück. Jedes dieser Einzelaugen liefert einen kleinen Bildpunkt ans Gehirn. Hier werden dann die unzähligen Bildpunkte aller Einzelaugen zu einem Gesamtbild der Umgebung zusammengesetzt. Schau dir einmal mit der Lupe ein Foto in einem Buch oder einer Zeitung an. Es besteht aus vielen kleinen Bildpünktchen. So ungefähr sieht ein Insekt. Biologen nennen Insektenaugen auch Komplex- oder Facettenaugen.

So können Fliegen praktisch über die Schulter schauen, ohne dabei den Kopf zu drehen.

Schau genau hin …

Versuch einmal eine Stubenfliege mit der bloßen Hand zu fangen. Es wird dir kaum glücken. Fliegen können kleinste Bewegungen viel rascher erkennen als wir Menschen – und sie fliegen sofort davon.

Das Tagpfauenauge

In einem Winkel auf dem Dachboden hat das Tagpfauenauge den Winter überstanden. An einem warmen Tag im März verlässt es sein Versteck und besucht die ersten Blüten. So früh im Jahr sind nur wenige Schmetterlinge unterwegs, denn die meisten Arten überwintern als Ei, Raupe oder Puppe. Sie saugen Nektar, indem sie ihre langen Rüssel entrollen und tief in die Blüte hineinstecken.

Steckbrief

- Größe: 2–3 cm lang
- Flügelspannweite: 5–6 cm
- Auffällige Merkmale: auf jedem Vorder- und Hinterflügel ein blau-schwarz-gelber Augenfleck
- Nahrung: Blütennektar; Raupen fressen Brennnesseln
- Wissenswertes: Schmetterling; Tagfalter; saugt gern an Blüten des Schmetterlingsstrauchs; nadelspitze Dornen der Raupen können menschliche Haut durchbohren

Von der Raupe zum Schmetterling

Das Schmetterlingsweibchen legt im Mai auf Brennnesseln viele Eier, die wie kleine grüne Tischtennisbälle mit dünnen weißen Streifen aussehen. Nach 2–3 Wochen schlüpfen daraus die Raupen. Sofort fangen sie an, Brennnesselblätter zu fressen. Andere Blätter mögen sie nicht. Die Raupen bleiben in einer Gruppe zusammen. Bald ist die ganze Pflanze mit einem dichten Gespinst aus weißen Fäden umhüllt, in dem die Raupen leben. Sie tun nichts anderes als fressen. Wenn ihnen die Raupenhaut zu eng wird, häuten sie sich.

Wenn sie groß und schwer genug sind, hören sie plötzlich auf zu fressen. Sie suchen sich einen geeigneten Platz und verpuppen sich. Nach 2–3 Wochen schlüpfen die fertigen Schmetterlinge.

Schau genau hin ...

Wenn das Tagpfauenauge seine Flügel zusammenklappt, siehst du nur deren unscheinbare braune Unterseite. So ist der Schmetterling perfekt getarnt und wird von keinem Vogel gesehen. Wird er trotzdem entdeckt, klappt er rasch seine Flügel mit zischenden Geräuschen auf. Besonders unerfahrene Jungvögel erschrecken, wenn sie plötzlich von großen Augen angestarrt werden, die auch noch zischen.

Die Hausmutter

Steckbrief

- Größe: 2–3 cm lang
- Flügelspannweite: etwa 5 cm
- Auffällige Merkmale: Vorderflügel braun gezeichnet, Hinterflügel gelb mit schwarzem Rand
- Nahrung: Blütennektar, Baumsaft, Saft von faulendem Obst
- Wissenswertes: Schmetterling; Nachtfalter; lebt auch in Großstädten; verirrt sich leicht ins Zimmer

Wenn es abends dämmert und die Tagfalter schon längst ihre Schlafplätze aufgesucht haben, wachen die Nachtfalter auf. Nachtfalter sind Schmetterlinge, die tagsüber ruhen und nachts unterwegs sind. Du kannst Nachtfalter gut beobachten, wenn sie im Licht der Straßenlampen flattern oder wenn sie durch das geöffnete Fenster in dein hell erleuchtetes Zimmer fliegen. Dann schenk ihnen die Freiheit.

Die Hausmutter fliegt oft abends in die Wohnung

Wie bei allen Schmetterlingen sind auch die Flügel der Hausmutter mit winzigen Schuppen bedeckt. Sie liegen wie Dachziegel übereinander. Wenn die Hausmutter ruht, sieht man nur ihre vorderen Flügel. Droht ihr Gefahr, so öffnet sie sie schnell und die gelben Hinterflügel werden sichtbar. Meist erschrickt jetzt der Störenfried und die Hausmutter kann fliehen. Mit ihren langen Fühlern am Kopf, die mit vielen winzigen Härchen besetzt sind, ertastet sie die Umgebung vor ihr und nimmt Gerüche wahr. Viele Nachtfalter finden ihren Partner durch Duftstoffe, die sie aussenden. Ein Männchen kann ein Weibchen kilometerweit riechen, obwohl das Weibchen nur ganz wenige Duftstoffe an die Luft abgibt.

Schau genau hin …

Die Hausmutter versteckt sich tagsüber gern unter Blättern am Boden. Dann schaut nur ihr Kopf heraus. Findest du eine Hausmutter oder einen anderen Nachtfalter in der Wohnung, bringe ihn wieder nach draußen. Fass ihn dabei ganz vorsichtig an, damit die feinen Schuppen auf den Flügeln nicht verletzt werden.

Die Rote Waldameise

Rote Waldameisen leben in einem großen Nest aus Nadeln und kleinen Zweigen. Es hat zahlreiche Ausgänge und reicht tief in den Boden hinein. Verzweigte Gänge führen zu vielen Kammern, in denen Vorräte lagern und Eier, Larven und Puppen wohnen. Tief unter der Erde wohnt die Königin. Nur sie legt den ganzen Tag Eier und wird von den Arbeiterinnen versorgt.

Steckbrief

- Größe: Arbeiterin 4–9 mm lang, Königin und Männchen 9–11 mm lang
- Auffällige Merkmale: Arbeiterinnen ohne Flügel
- Nahrung: Insekten und ihre Larven, Honigtau der Blattläuse, Blütennektar, Pflanzensamen
- Wissenswertes: lebt im Wald in einem Ameisenhaufen in einem großen Staat aus hunderttausenden von Arbeiterinnen; Königin wird 15–20 Jahre alt

Der Ameisenstaat

Die Arbeiterinnen pflegen die Brut, bauen und reparieren das Nest, bewachen die Eingänge und gehen draußen auf Nahrungssuche. Weil Ameisen sich die Arbeit aufteilen und sich gegenseitig helfen, nennt man ihr Zusammenleben Ameisenstaat. Nur im Sommer entwickeln sich aus den Eiern Ameisen mit Flügeln. Diese schwärmen dann aus dem Nest und fliegen hoch in die Luft, um sich zu paaren. Die Männchen sterben kurz danach. Die Weibchen werden zu Königinnen. Sie werfen ihre Flügel ab und jede gründet einen eigenen Ameisenstaat. Waldameisen sind wichtig für den Wald. Sie erbeuten viele schädliche Insekten.

Schau genau hin …

Nur Waldameisen aus dem eigenen Nest dürfen dieses auch wieder betreten. Sie erkennen sich gegenseitig, wenn sie sich mit ihren Fühlern betasten. Zahlreiche, mit Ameisenduft markierte Straßen führen in den Wald. Beobachte einmal das emsige Treiben auf diesen Straßen. Arbeiterinnen gehen auf Nahrungssuche, andere kommen schwer bepackt zum Nest zurück. Große Beutetiere werden von mehreren Ameisen gemeinsam getragen.

Die Wespe

Steckbrief

- Größe: 1–2 cm lang
- Auffällige Merkmale: schwarz-gelber Körper
- Nahrung: Wespen: Blütennektar, Obstsaft; Larven: zerkaute Insekten und Spinnen
- Wissenswertes: Stachel bleibt nach dem Stich nicht in menschlicher Haut hängen, dient der Verteidigung

Mit ihrer schwarz-gelben Färbung warnen die Wespen jeden: „Komm mir nicht zu nahe, ich kann stechen." Und so schauen wir etwas ängstlich zu, wenn eine Wespe bei Tisch kleine Stückchen aus unserem Schinken beißt. Mit Schinken, Raupen und anderem Fleischigem ernähren die Wespen ihre Larven. Sie selbst bevorzugen Süßes: Blütennektar, Obstsäfte, Früchte und Honigtau liefern viel Energie, die sie zum Fliegen brauchen.

Der Wespenstaat existiert vom Frühling bis zum Herbst

Alle Weibchen, die im Herbst von Männchen begattet wurden, sind die Königinnen des nächsten Jahres. Sie verbringen den Winter an einem geschützten Ort. Im Frühjahr gründet jede Königin einen Wespenstaat und beginnt mit dem Nestbau. Sie mischt verwittertes Holz mit ihrem Speichel und baut aus dieser Papiermasse erste Zellen für die Brut. In diese legt sie je ein Ei. Sie füttert die Larven, baut weitere Zellen an und ist sehr beschäftigt. Zum Glück schlüpfen bald die ersten Arbeiterinnen. Diese übernehmen nun alle Arbeiten. Die Königin legt nur noch Eier und wird gut versorgt. So wird der Wespenstaat im Laufe des Sommers immer größer. Im Herbst besteht er oft aus einigen 1.000 Tieren. Wenn dann die Nahrung knapp wird und die Temperaturen sinken, sterben alle Wespen. Nur die zukünftigen Königinnen überleben.

Schau genau hin …

Sicher ist dir schon aufgefallen, dass Wespen im September besonders lästig sind. Zu dieser Zeit gibt es bei uns die meisten Wespen. Biologen sagen, dass die Wespenstaaten dann auf dem Höhepunkt ihrer Entwicklung sind. In ihrem Leben haben sie schon viel unangenehme Erfahrung gemacht und sind daher besonders angriffslustig.

Die Honigbiene

Bereits vor rund 7.000 Jahren haben die Menschen in der Steinzeit den Honig von Bienen gewonnen. Heute halten Imker Honigbienen in Kästen. In jedem Kasten wohnt ein Volk. Es besteht aus einer Königin und bis zu 80.000 Arbeitsbienen. Auch bei den Honigbienen legt nur die Königin Eier. Im Sommer sind das bis zu 3.000 Eier jeden Tag. Sie unterbricht die Eiablage nicht einmal zum Fressen, denn sie wird von den Arbeitsbienen gefüttert.

Steckbrief

- Größe: Arbeitsbienen 13–15 mm, Königin 20–25 mm, männliche Drohnen 15–17 mm
- Auffällige Merkmale: braun-gelber, behaarter Körper
- Nahrung: Blütennektar, Pollen
- Wissenswertes: das einzige Haustier unter den Insekten; lebt in einem hoch entwickelten Bienenstaat

Alle Arbeitsbienen sind weiblich

Wenn sie frisch geschlüpft sind, bleiben die jungen Arbeitsbienen zunächst im Bienenstock. Hier reinigen sie die frei gewordenen Zellen, versorgen die Larven mit Futter und produzieren Wachs für die Zellen. Erst wenn die Arbeitsbienen älter werden, verlassen sie den Stock. Jetzt fliegen sie von Blüte zu Blüte und sammeln Nektar und Pollen. Dabei bestäuben sie die Blüten. Den Pollen transportieren sie an ihren Hinterbeinen, den Höschen. Im Magen der Biene wird der Nektar zu Honig. Arbeitsbienen füllen ihn als Nahrungsvorrat in Zellen. Über tanzende Bewegungen teilen sie ihren Stockgenossinnen mit, wo sie nektarreiche Blüten finden können.

Schau genau hin …

Arbeitsbienen verteidigen sich mit ihrem Stachel. Stechen sie ein Insekt, so können sie ihn wieder aus dem harten Insektenpanzer herausziehen. Nur in der menschlichen Haut bleibt er stecken. Beim Stechen spritzt die Biene Gift in unseren Körper. Dieses Gift besteht aus zahlreichen Eiweißen. Wenn ein Mensch gegen diese Eiweiße allergisch ist, dann versagt in kurzer Zeit sein Kreislauf und er kann sogar daran sterben. Deshalb tragen diese Menschen ein Mittel gegen das Bienengift bei sich.

Die Erdhummel

Steckbrief

- Größe: 1–2 cm lang
- Auffällige Merkmale: schwarzer Körper mit gelben Streifen, Hinterende weiß, pelzig behaart
- Nahrung: Blütennektar und Pollen, auch Honigtau
- Wissenswertes: bildet mit bis zu 600 Tieren die größten Völker aller bei uns heimischen Hummelarten

Hummeln sind größer als Bienen oder Wespen, und sie sind stark behaart. Du kannst Hummeln auch sehr leicht an ihrem weißen Hinterende erkennen. Das Nest eines Hummelvolks, das aus bis zu 600 Tieren bestehen kann, befindet sich oft in einem verlassenen Mäusebau. Hummeln leben gern unterirdisch. Auch bei ihnen überleben wie bei den Wespen nur die Königinnen den Winter.

Die Königinnen sind besonders groß

Im Frühjahr sucht die Königin ein verlassenes Mäusenest. Hier baut sie aus selbst produziertem Wachs eine Brutzelle und einen Honigtopf. Diesen füllt sie mit Honig, die Brutzelle mit Pollen und ungefähr 10 Eiern. Die Larven fressen zunächst die Pollen auf, dann versorgt sie die Königin mit Honig aus dem Topf. Bald schlüpfen die Arbeiterinnen. Jetzt verlässt die Königin das Nest nicht mehr. Die Arbeiterinnen versorgen sie und die Brut. Stirbt die Königin im Lauf des Sommers, übernimmt eine Arbeiterin ihren Job. Sie entwickelt Eierstöcke und legt nun Eier. Im Herbst schlüpfen auch männliche Drohnen. Sie starten mit den zukünftigen Königinnen zum Hochzeitsflug. Alle Weibchen, die auf ihrem Flug von einem Männchen befruchtet werden, sind die Königinnen des nächsten Frühjahrs. Nur sie überleben den Winter.

Schau genau hin ...

Können Hummeln stechen oder nicht? Hummeln sind Verwandte der Bienen und können stechen – allerdings lediglich die Weibchen. Sie stechen aber nur in höchster Not. Männchen begegnest du ohnehin kaum, da sie nur während der kurzen Paarungszeit im Herbst leben. Alle Hummeln, die eifrig auf den Blüten Nahrung sammeln, sind Weibchen.

Der Goldlaufkäfer

Wie sein Name schon sagt, glänzt der Goldlaufkäfer golden und er ist ein schneller Läufer. Um eine Strecke von einem Meter zurückzulegen, braucht der Goldlaufkäger nur 10–15 Sekunden. Dafür kann er nicht fliegen. Der Goldlaufkäfer lebt da, wo es sonnig und warm ist: auf Feldwegen, in Gärten und in Weinbergen. Von April bis August kannst du diese Käfer dort beobachten, wie sie eilig auf der Suche nach Beute umherlaufen.

Steckbrief

- Größe: 1,5–3 cm lang
- Auffällige Merkmale: grüngold glänzend
- Nahrung: Schnecken, Insekten, Regenwürmer, auch Aas und Pilze
- Wissenswertes: Larven leben auf dem Boden; Käfer können 2 Jahre alt werden

Laufkäfer sind Räuber

Goldlaufkäfer jagen verschiedene Kleintiere, darunter auch viele Larven und Puppen von schädlichen Insekten wie dem Kartoffelkäfer. Jeden Tag verzehren sie gewaltige Mengen an Beutetieren, die dreimal so viel wiegen wie sie selbst, zum Beispiel 10 Raupen. Neben Raupen erbeuten Goldlaufkäfer auch häufig Schnecken und Regenwürmer. Um genauso viel zu essen wie ein Laufkäfer, müsstest du ungefähr 80–90 Kilogramm Speisen zu dir nehmen, jeden Tag, wohlgemerkt! Auch die schwarzen Larven der Goldlaufkäfer leben räuberisch. Laufkäfer kauen nicht. Sie halten ihr Opfer mit den kräftigen Kiefern fest und erbrechen eine dunkle Flüssigkeit. Diese Flüssigkeit enthält Verdauungssäfte, die den Körper des Beutetiers auflösen. Dann saugen die Käfer den flüssigen Körperinhalt einfach auf.

Schau genau hin …

Auf dem Boden leben die schwarzen Larven. Nach 7–11 Wochen und mehreren Häutungen verpuppen sie sich tief im Boden. Aus dieser Puppe schlüpft im Herbst der fertige Käfer. Bald sucht er sich einen geeigneten Platz, wo er den Winter über ruht.

Der Mistkäfer

Steckbrief

- Größe: 1–2 cm lang
- Auffällige Merkmale: schwarz, stark gewölbter Körper
- Nahrung: Kuhfladen, Pferdemist und anderer Kot, Aas, auch Pilze
- Wissenswertes: Mistkäferpaar arbeitet zusammen; sie gräbt unterirdisch, er bleibt oben und schafft die hinausbeförderte Erde fort

Mit lautem Gebrumm fliegt ein Mistkäfer an dir vorbei. Er sucht nach Nahrung. Riecht er einen frischen Pferdeapfel oder Kuhfladen, lässt er sich einfach auf den Boden fallen und läuft zu Fuß weiter. Mistkäfer ernähren sich von den Hinterlassenschaften der Tiere. Sie helfen dabei, dass Kothaufen auf natürliche Weise wieder verwertet werden. In der menschlichen Abfallwirtschaft nennt man das Recycling.

Kinderstube tief im Boden

Unter den Kothaufen gräbt das Weibchen einen senkrechten Stollen tief in den Boden. Davon zweigen zahlreiche waagerechte Seitengänge ab. Während das Weibchen unterirdisch buddelt, bringt das Männchen viele Mistkugeln zum Eingang. Das Weibchen übernimmt sie, zerrt sie in den Stollen hinein und füllt einen Seitengang mit ihnen. Dann wühlt es sich in diese Mistwurst ein, legt ein Ei und verschließt den Seitengang mit Sand. So macht es das Weibchen mit allen Seitengängen. In der Wärme des Dungs schlüpft bald die Larve. Sie lebt ein Jahr lang wie im Schlaraffenland und frisst den Dung langsam auf. Erst im nächsten Sommer verpuppt sie sich. Bald schlüpft der fertige Käfer und verlässt den Erdstollen.

Schau genau hin …

Auf den Mistkäfern krabbeln oft winzig kleine orangefarbene Tierchen. Das sind Käfermilben, die sich zu frischem Mist transportieren lassen. Sie fressen die Eier von Fliegen, die schon auf den Kot abgelegt wurden. Das nützt auch dem Mistkäfer. Denn dadurch ist das Futter für seine Larven madenfrei.

Der Rote Weichkäfer

Weichkäfer sitzen oft auf den großen weißen Blütenschirmen der Wilden Möhre (siehe Seite 38) oder anderer Doldengewächse. Oft siehst du auch, wie zwei Tiere aufeinander sitzen. Das ist ein Pärchen bei der Paarung, die bei diesen Käfern sehr lange dauert. Ihre samtartig behaarten Larven jagen im Boden nach Insektenlarven und kleinen Schnecken. Wenn im Frühjahr der Schnee schmilzt, vertreibt die Nässe sie aus ihren Verstecken.

Steckbrief

- Größe: bis 1 cm lang
- Auffällige Merkmale: rostrot bis gelbbraun gefärbt, schmaler, länglicher Körper
- Nahrung: Insekten, ihre Eier und Larven, zarte Pflanzenteile, Pollen
- Wissenswertes: einer der häufigsten Käfer bei uns; sitzt oft auf Blüten

Käfer sind die größte Insektengruppe

Käfer bilden nicht nur die größte Insektengruppe, sondern auch die größte Tiergruppe mit den meisten Arten auf der ganzen Welt. Das liegt wohl an ihren Flügeln. Während die meisten Insekten zwei dünnhäutige Flügelpaare zum Fliegen haben, fliegen Käfer nur mit den dünnen Hinterflügeln. Das vordere Flügelpaar, die Flügeldecke, ist ganz hart und schützt das empfindliche hintere. Deshalb können Käfer Dinge tun, die anderen Insekten verwehrt sind: Sie sind zum Beispiel in der Lage, am Boden sehr schnell zwischen dichten Pflanzen umherzulaufen, ohne dass die Flügel stören oder durch scharfkantige Gräser und stachelige Blätter beschädigt werden. Sie können auch im Innern von Mist, Pilzen und Faulendem umherkrabbeln, ohne dass die geschützten Hinterflügel verklebt oder verschmutzt werden. Wenn die Käfer ins Wasser fallen, bleiben ihre Hinterflügel trocken und sie können gleich wieder davonfliegen.

Schau genau hin …

Weichkäfer heißen so, weil ihre Haut am ganzen Körper viel weicher ist als die anderer Käfer. Du darfst sie deshalb nur ganz vorsichtig anfassen, damit du sie nicht zerdrückst. Die gelbe oder rote Körperfärbung warnt Feinde vor dem schlechten Geschmack der Weichkäfer.

Der Marienkäfer

Steckbrief

- Größe: 5–8 mm lang
- Auffällige Merkmale: rot mit 7 schwarzen Punkten, Kopf und Brust schwarz
- Nahrung: Blattläuse
- Wissenswertes: überwintert als Käfer zusammen mit Artgenossen an einem geschützten Platz

Marienkäfer sind bei allen Menschen beliebt. Viele mögen sie wegen ihres hübschen Aussehens, andere, weil sie gefräßige Jäger von Blattläusen sind. Neben dem bekanntesten Marienkäfer, dem Siebenpunkt, leben bei uns noch etwa 80 andere Arten von Marienkäfern, wie etwa der kleine Zweipunkt oder der schwarz-gelbe 22-Punkt. Die Anzahl der Punkte auf ihrem Körper gibt den verschiedenen Marienkäferarten ihren Namen.

Der Siebenpunkt legt rund 800 gelbe Eier

Aus den ungefähr 800 gelben Eiern des Siebenpunkts schlüpfen nach einer Woche kleine blaugraue Larven, die sofort Blattläuse fressen. 3–6 Wochen braucht die Larve, bis sie groß genug ist, um sich zu verpuppen. In dieser Larvenzeit vertilgt sie rund 600 Blattläuse!

Nach 1–2 Wochen schlüpft aus der Puppenhülle ein neuer Käfer, der sich auch von Blattläusen ernährt. Seine rot-schwarze Färbung warnt Feinde: Ein Marienkäfer schmeckt eklig. Fühlt er sich bedroht, sondert er aus seinen Gelenken an den Beinen eine gelbe Flüssigkeit aus. Das ist das Blut des Marienkäfers. Es stinkt und schmeckt sehr bitter.

Schau genau hin …

Lass einmal einen Marienkäfer auf deiner Hand krabbeln. Spüre seine zarten Fußtritte auf deiner Haut. Fühle, wohin der Käfer läuft. Halte den Finger deiner anderen Hand hin und lass ihn auf sie hinüberlaufen. Wenn er nicht wegfliegt, setz ihn vorsichtig auf eine Pflanze.

Die Entwicklung der Insekten

Alle Insekten schlüpfen aus dem Ei und beginnen ihr Dasein als Larve. Die Larve sieht meist anders aus als das ausgewachsene Insekt. Eine Larve hat auch niemals Flügel. Oft ernährt sie sich von etwas anderem als das ausgewachsene Insekt und bewohnt auch einen anderen Lebensraum. So leben die Larven der Libellen zum Beispiel im Wasser und erbeuten Kaulquappen, während die ausgewachsenen Libellen in der Luft nach Beute jagen.

Da Insekten einen harten Außenpanzer haben, müssen sie diesen abstreifen, wenn sie wachsen wollen. Biologen nennen dies Häutung. Eine Larve häutet sich mehrmals, bevor sie erwachsen ist. Bei manchen In-

Wie entwickeln sich Insekten?

sektengruppen wie Heuschrecken oder Schaben wird die Larve bei jeder Häutung nicht nur größer, sie ähnelt auch immer mehr dem ausgewachsenen Insekt. Wenn sie dann das letzte Mal ihre Larvenhaut abstreift, schlüpft das fertige Insekt mit Flügeln heraus.

Die Puppe

Bei anderen Insektengruppen wie Schmetterlingen, Käfern, Bienen oder Fliegen liegt zwischen dem letzten Larvenstadium und dem erwachsenen Insekt eine Ruhepause, in der das Insekt Puppe genannt wird. In dieser Zeit, die auch Puppenruhe heißt, wandelt sich die Larve zu dem völlig anders aussehenden fertigen Insekt: Die Raupe sieht ganz anders aus als der Schmetterling, die wurmähnliche Käferlarve hat nichts mit einem fertigen Käfer zu tun; und auch die Larven von Bienen und Fliegen erinnern überhaupt nicht an diese.

Von der Raupe zum Falter

Brennnesseln wachsen überall. Auf ihnen legt das Tagpfauenauge seine Eier ab. Bald schlüpfen die Raupen und fressen Löcher in die Blätter. Beobachte doch einmal, wie aus einer Raupe ein Schmetterling wird. Tagpfauenaugen gehören zu den häufigeren Arten. Deshalb ist es zu verantworten, dass du dir für wenige Wochen zwei oder drei Raupen mit nach Hause nimmst. Sammle sie vorsichtig ab. Fasse sie am besten nicht an – die Stacheln können deine Haut durchbohren. Streife sie einfach mit dem Deckel vorsichtig in ein Gefäß. Als Behausung für die Raupen wählst du ein weithalsiges Einmachglas mit einem Gazeüberzug. Nun musst du den Raupen jeden Morgen frische Brennnesselblätter geben. Mehrmals streifen sie ihre Haut ab und werden immer größer. Nach mehreren Wochen hören sie auf zu fressen und hängen sich an einen Stängel. Die schwarze Raupenhaut platzt und eine grüne Puppe kommt hervor. Jetzt entferne die Gazeabdeckung. Spätestens nach 3 Wochen schlüpft daraus der Schmetterling. Lass ihn gleich ins Freie!

Wirbellose Tiere sind alle Tiere, die – anders als die Wirbeltiere – keine Wirbel im Rücken haben. Wirbellose Tiere haben kein festes Skelett. Zu den wirbellosen Tieren gehören viele verschiedene Tiergruppen wie Insekten und Spinnen, die ganz unterschiedlich aussehen und die für ihre Gruppe typische Lebens- und Fressgewohnheiten haben.

Was sind Wirbellose?

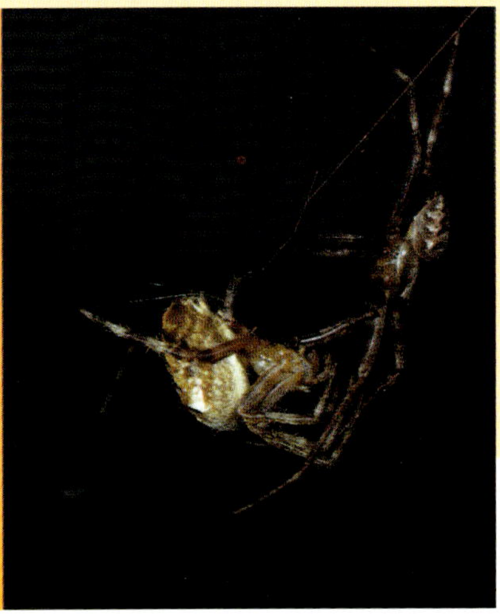

Wirbellose sind überall zu Hause

Wirbellose Tiere sind in unterschiedlichen Lebensräumen beheimatet. Sie leben in Meeren, Flüssen oder Seen, in Wäldern, auf Wiesen und Feldern, in Wüsten und im Gebirge. Die wichtigsten Gruppen der Wirbellosen sind: Weichtiere (Schnecken, Muscheln und Tintenfische), Würmer, Krebstiere, Spinnentiere (Skorpione, Weberknechte und Echte Webspinnen), Schwämme, Hohltiere (Quallen, Polypen und Korallen), Stachelhäuter (Seesterne und Seeigel) und Insekten, die du im vorherigen Kapitel kennen gelernt hast.

Daran erkennst du eindeutig ein wirbelloses Tier

- Es hat keine Wirbel und keine Wirbelsäule im Rücken
- Es ist kein Fisch, kein Lurch, kein Kriechtier, kein Vogel und kein Säugetier
- Wirbellose haben kein festes Innenskelett wie Wirbeltiere

Der Süßwasserpolyp

In klaren Teichen und Seen lebt der Süßwasserpolyp. Du kannst ihn auch manchmal an Wasserpflanzen in Aquarien beobachten. Obwohl er wie eine Blume aussieht, ist der Polyp ein äußerst gefräßiges Tier. Mit seiner Fußscheibe klebt er nahe der Wasseroberfläche auf den Stängeln und Blättern von Wasserpflanzen. Seine langen Fangarme streckt er ins Wasser, um Beute zu fangen.

Steckbrief

- Größe: 1 cm lang plus 1 cm lange Fangarme
- Auffällige Merkmale: sieht wie eine Blume aus, auf dem Stängel sitzen dünne Fangarme
- Nahrung: Wasserflöhe, Insektenlarven, Wassermilben und frisch geschlüpfte Fische
- Wissenswertes: kann sich ganz klein zusammenziehen und ganz lang strecken; bewegt sich vorwärts durch abwechselndes Aufsetzen von Fangarmen und Fußscheibe

Wie fängt ein Polyp wohl seine Beute?

Da der Polyp festklebt, kann er seiner Beute nicht hinterherschwimmen wie ein Raubfisch. Deshalb fängt er sie mit Hilfe von Nesselzellen, die dicht nebeneinander auf den Fangarmen sitzen. Berührt ein vorbeischwimmender Wasserfloh einen Fangarm, explodieren die Nesselzellen. Dabei schnellen Stacheln heraus, die die Haut des Opfers durchbohren und es festhalten. Außerdem spritzt dabei eine giftige Flüssigkeit in das Opfer und lähmt es. Nun schieben die Fangarme die Beute zur Mundöffnung, die versteckt zwischen ihnen liegt.

Der Polyp verschlingt die Beute an einem Stück. Später spuckt er die unverdaulichen Reste des Opfers durch seine Mundöffnung wieder aus.

Schau genau hin …

Im Sommer vermehrt sich der Polyp durch Knospen, die wie bei den Pflanzen aus seinem Körper wachsen. Auf dem linken Foto siehst du einen Polypen, aus dessen Körper mehrere Knospen wachsen. Diese tragen auch schon Fangarme zum Beutefang. Wenn sie groß genug sind, lösen sie sich ab und kleben sich als neue Tiere ebenfalls mit ihren Fußscheiben auf Wasserpflanzen fest. Manchmal bilden Polypen auch Eier, die sie aus ihrer Mundöffnung ins Wasser lassen. Hier werden sie befruchtet und bald können winzige, fertige Polypen schlüpfen.

Die Teichmuschel

Steckbrief

- Größe: bis zu 20 cm lang
- Auffällige Merkmale: 2 grünlich gefärbte Schalen
- Nahrung: winzige Schwebstoffe aus dem Wasser
- Wissenswertes: lebt in Teichen und Seen; wird 15–20 Jahre alt

Muscheln sind merkwürdige Tiere. Sie haben keinen Kopf und keine Beine. Zu einer Muschel gehören immer zwei Schalenhälften, die zueinander passen. Du kannst die Gestalt einer Muschel mit einem Buch vergleichen: Die Schalenhälften sind wie die Buchdeckel, die am Buchrücken miteinander verbunden sind. Biologen nennen die Verbindung zwischen den Schalenhälften Schloss. Durch die Öffnung strömt Wasser in die Muschel hinein und wieder heraus.

Muscheln filtrieren pausenlos das Wasser

Wenn du eine Muschel mit leicht geöffneten Schalen im Aquarium beobachtest, kannst du begreifen, wie sie lebt. Jede Muschel hat zwei Öffnungen. Durch die eine strömt das Wasser in die Muschel hinein. Es passiert die Kiemen, an denen die Schwebteilchen herausgesiebt werden. Mit den Kiemen atmet die Muschel auch. Die Schwebteilchen gelangen zur Mundöffnung im Innern der Muschel und werden verdaut. Dann verlässt das Wasser die Muschel durch die andere, kleinere Ausströmöffnung. Die Teichmuschel vermehrt sich durch winzig kleine Larven, die sich einige Wochen lang an den Flossen verschiedener Fischarten festheften. Sie nutzen die Fische als Transportmittel. Dann wandeln sich die Larven zu kleinen Muscheln, verlassen ihren Fisch und sinken auf den Gewässergrund. Hier beginnen sie ihr Leben als Filtrierer.

Schau genau hin …

Muscheln halten das Wasser sauber. Ohne sie würden Teiche und kleine Seen bald stinken. Sie filtrieren Schwebstoffe aus dem Wasser und reinigen es so. Über 40 Liter Wasser strömen in einer Stunde durch eine Muschel. Wie gut Muscheln das Wasser säubern, kannst du selbst beobachten. Setz dazu große Süßwassermuscheln in ein Aquarium mit trübem Wasser. Schon nach ein paar Stunden ist das Wasser klar.

Die Weinbergschnecke

Schnecken sind weder Männchen noch Weibchen. Sie sind beides. Biologen nennen solche Tiere Zwitter. Weinbergschnecken leben nicht nur in Weinbergen, sondern auch in verwilderten Gärten und in Parks, an Waldrändern und Feldwegen, wo es warm ist und wo es viel Kalk gibt. Den brauchen sie für ihre großen Gehäuse. Seit der Römerzeit werden diese essbaren Schnecken von Menschen gesammelt und gezüchtet.

Steckbrief

- Größe: Gehäuse bis 5 cm hoch
- Auffällige Merkmale: braunes, kugeliges Gehäuse, hellbrauner Körper
- Nahrung: Blätter, Triebe, Früchte und andere Pflanzenteile
- Wissenswertes: größte an Land lebende Gehäuseschnecke Europas; wird in der Natur 5–8 Jahre alt

Die Paarung der Schnecken

Im Winter ruht die Weinbergschnecke unter der Erde. Ihren Körper hat sie völlig ins Schneckenhaus eingezogen. Ein fester Deckel aus Kalk verschließt die Öffnung und schützt das Tier vor dem Austrocknen und vor Feinden. An den ersten warmen Tagen im Frühling verlassen die Weinbergschnecken ihre Verstecke. Wenn sich zwei Schnecken eng aneinander pressen, paaren sie sich. 4–6 Wochen nach der Paarung legt die Schnecke bis zu 60 Eier in eine selbst gegrabene Erdhöhle.

Schau genau hin …

Eine Schnecke kriecht auf dem Boden. An ihrem Kopf kannst du vier Fühler erkennen. Die unteren sind kurz und ertasten den Boden. Die oberen sind lang. Wenn du genau hinschaust, siehst du auf ihrer Spitze einen dunklen Punkt. Das ist das Auge. Es ist sehr klein und die Schnecke sieht damit nicht besonders gut. Aber es erkennt, wenn sich etwas bewegt – dann zieht die Schnecke rasch ihre Fühler ein oder verschwindet im Schneckenhaus.

Die Schnirkelschnecke

Steckbrief

- Größe: Gehäuse bis 2,5 cm hoch
- Auffällige Merkmale: gelbliches Gehäuse mit keinem oder bis zu 5 schwarzen Streifen, heller Körper
- Nahrung: frische Pflanzen
- Wissenswertes: heißt auch Bänderschnecke; verbringt den Winter geschützt im Boden

Bei uns kommen die hübschen Schnirkelschnecken fast überall vor. An heißen und trockenen Sommertagen verschwinden sie nicht im feuchten Boden, sondern heften sich an Ästen und Blättern fest. Ein silbernes Häutchen aus erhärtetem Schleim umschließt sie und schützt sie vor dem Vertrocknen. Wenn es im Morgengrauen oder nach einem Regenguss feucht ist, werden die Schnecken wieder munter.

Auf ihrem Speiseplan stehen frische Pflanzen

Schnirkelschnecken besitzen wie alle Schnecken eine Raspelzunge. Sie ist mit vielen kleinen Zähnen besetzt und sieht wie eine Küchenreibe aus. Genauso funktioniert sie auch: Mit ihr schabt die Schnecke kleine Stückchen von einer Pflanze herunter und raspelt sie klein. Das kannst du beobachten, wenn du die Schnecke auf eine Glasplatte setzt und ihr frische Blätter als Futter anbietest. Wenn du von unten durch die Glasscheibe schaust, siehst du, wie sie frisst.

Schau genau hin ...

In der Nähe größerer Steine und auf Baumstümpfen kannst du viele zerbrochene und leere Schneckenhäuser finden. Dort befinden sich häufig Futterplätze der Singdrossel, einer Verwandten der Amsel. Sie ernährt sich auch von Schnirkelschnecken. Da sie das Gehäuse nicht zerhacken kann, hämmert sie es auf eine harte Unterlage, bis es zerbricht. Biologen nennen diese Futterplätze deshalb Drosselschmieden.

Die Spitz-Schlammschnecke

Dreh einmal an einem Teich die Blätter der Wasserpflanzen in Ufernähe um. Meist findest du auf ihnen viele Schnecken mit einem spitzen Gehäuse. Das sind Spitz-Schlammschnecken. Sie atmen nicht durch Kiemen, sondern müssen zum Luftholen an die Wasseroberfläche kommen. Fühlen sie sich dabei bedroht, atmen sie schnell aus und sinken wie ein Stein auf den Grund.

Steckbrief

- Größe: Gehäuse bis zu 6 cm hoch
- Auffällige Merkmale: hornfarbenes, sehr spitzes Gehäuse mit dünner Schale; Körper gelblich bis dunkelgrau; dreieckige Fühler
- Nahrung: auf Steinen und Pflanzen aufgewachsene Algen
- Wissenswertes: wird bis zu 2 Jahre alt; atmet durch Lungen wie die an Land lebenden Schnecken

Unter Wasser geht sie auf Nahrungssuche

Die Schlammschnecke weidet mit ihrer Raspelzunge die dünnen Algenbeläge ab, die auf Wasserpflanzen und Steinen wachsen. Sie ernährt sich aber auch von toten Wassertieren. Manchmal hängt sie mit ihrer Kriechsohle an der Wasseroberfläche, um zu ruhen oder um die hier angesammelten Schwebteilchen zu fressen. Dann kannst du gut beobachten, wie die Schnecke durch ihre Atemöffnung am Rand des Gehäuses ein- und ausatmet. In regelmäßigen Zeitabständen öffnet und schließt sich die Atemöffnung.

Schau genau hin …

An Pflanzen, Steinen und anderen Gegenständen kannst du die bandförmigen Eigelege der Schlammschnecke finden. So ein Eigelege enthält bis zu 300 Eier. Berühre es vorsichtig – es fühlt sich glitschig und glibberig an. Aus diesen Eiern schlüpfen nach 2–3 Wochen die kleinen Jungschnecken.

Die Wegschnecke

Steckbrief

- Größe: bis 20 cm lang
- Auffällige Merkmale: schwarz, braun oder rot gefärbt, ohne Gehäuse
- Nahrung: Blätter, Früchte, Gemüse, Kot, tote Tiere, zertretene Schnecken
- Wissenswertes: Igel und Blindschleiche sind ihre Feinde; zieht sich bei Gefahr ganz klein zusammen

Wegschnecken sind Nacktschnecken. Sie haben kein Schneckenhaus. Bei der Wegschnecke kannst du noch erkennen, wo sich bei ihren Vorfahren das Gehäuse einmal befunden hat: im vorderen Teil des Rückens, wo die Haut ganz fein gekörnt aussieht. Hier fällt dir sicher auch ein kleines Loch auf, das sich regelmäßig öffnet und schließt. Das ist das Atemloch, mit dem die Nacktschnecke atmet.

Nacktschnecken sind in der Dämmerung aktiv

Nach einem Regen kriechen große, dicke Nacktschnecken auf Wegen, zwischen Gemüsebeeten, an Waldrändern und in Hecken herum. Wegschnecken fühlen sich besonders wohl, wenn es draußen feucht ist. Darum verkriechen sie sich auch tagsüber meist in kühlen, schattigen Verstecken unter Steinen, Pflanzen und Holzbrettern. Erst in der Dämmerung werden sie aktiv. Wegschnecken vertilgen besonders gern zarte junge Salat- und Gemüsepflanzen und fressen über Nacht manchmal ganze Beete leer. Gärtner klagen dann über die Schneckenplage.

Schau genau hin …

Alle Schnecken kriechen auf ihrer Fußsohle. Damit sie besser rutschen, sondern sie einen Schleim aus, der die ganze Sohle überzieht. Setzt du eine Schnecke – es kann auch eine Schnecke mit Gehäuse sein – auf eine Glasplatte, siehst du von unten, wie sich die Schnecke fortbewegt. Sie hinterlässt eine schleimige Spur, die bald trocknet und dann silbrig glänzt.

Der Pferdeegel

Trotz seines Namens tut der Pferdeegel keinem Pferd etwas zu Leide. Denn anders als der verwandte Blutegel schneidet der Pferdeegel die Haut von Wirbeltieren nicht an, um Blut zu saugen. Er ernährt sich von kleinen Wassertieren, die er hinunterschlingt. Ist die Beute besonders groß, reißt er mit seinen scharfen Kiefern am Mundsaugnapf Stücke aus ihr heraus. Ist er satt, kann er über ein Jahr lang ohne Nahrung auskommen.

Steckbrief

- Größe: 10–15 cm lang
- Auffällige Merkmale: graubrauner Ringelwurm mit Saugnäpfen vorn und hinten
- Nahrung: Insektenlarven, Schnecken, Würmer, Kaulquappen
- Wissenswertes: schwimmt gut und flink; atmet durch die Haut; lebt im Moorwasser

Wie bewegt sich ein Egel fort?

Der Pferdeegel kommt in fast jedem Gewässer vor. Hier lebt er versteckt zwischen den Wasserpflanzen, die nah am Ufer wachsen. Drehst du die Blätter von Seerosen um, findest du schnell einen Egel. Hier hat er sich mit seinen beiden Saugnäpfen festgeheftet. Egel können sich rasch fortbewegen. Dazu lösen sie den vorderen Mundsaugnapf, strecken den Körper weit aus und heften sich fest. Nun lösen sie den hinteren Saugnapf und setzen ihn dicht neben den Mundsaugnapf. Danach lösen sie wieder den vorderen Saugnapf usw. Dies wiederholen sie so lange, bis sie ihr Ziel (zum Beispiel ein Beutetier) erreicht haben.

Schau genau hin …

Der Pferdeegel kann wie alle Egel seine Körpergestalt stark verändern. Mal ist er ganz dünn und lang gestreckt, mal ist er dick und rund. Diese Veränderungen sind möglich, weil er viele Muskeln hat. Sie verlaufen längs durch das ganze Tier und rund um seinen Körper herum.

Der Regenwurm

Steckbrief

- Größe: bis 30 cm lang
- Auffällige Merkmale: lang gestreckter Gliederwurm aus vielen Segmenten; schleimig
- Nahrung: Erde, verwelktes Laub
- Wissenswertes: atmet mit der Haut; kann hell und dunkel über lichtempfindliche Zellen in seiner Haut unterscheiden

Die Haut von Regenwürmern ist glitschig und feucht. So können sie gut durch ihre unterirdischen Gänge kriechen. Wärme und fehlende Feuchtigkeit trocknen die Haut aus und sind für die Würmer lebensgefährlich. Bei starkem Regen verlassen sie fluchtartig den Boden, denn nun stehen ihre Wohngänge unter Wasser. Bei Tag droht Gefahr: Ihre rosige Haut bietet keinen Schutz gegen das helle Licht und lässt sie nach kurzer Zeit sterben.

Bei Gärtnern willkommen

Regenwürmer leben im kühlen, feuchten Boden von Wiesen, Feldern, Gärten und Parks. Unermüdlich fressen sie sich durch den Boden und verzehren riesige Mengen Erde mit den darin enthaltenen Pflanzenresten. Nachts verlassen sie den Boden auf der Suche nach Falllaub, das sie in ihre Bodengänge hineinziehen und ebenfalls auffressen. Im Regenwurmdarm werden die Pflanzenreste verdaut – Regenwurmkot ist wertvoller Humus, der den Boden fruchtbar macht. Daher sind Gärtner froh, wenn viele Regenwürmer im Boden leben. Zudem lockern die Würmer bei ihrer ständigen Grabearbeit die Erde bis in 2 Meter Tiefe auf, so dass auch in tiefere Bodenschichten ausreichend frische Luft gelangt.

Schau genau hin …

Setz einen Regenwurm auf ein Stück Pergamentpapier und halte es waagerecht an dein Ohr. Wenn der Wurm darüber kriecht, hörst du, wie seine feinen Borsten über das Papier kratzen. Mit der Lupe kannst du sie auch sehen. Dann nimm den Wurm vorsichtig in deine Hand und leg ihn auf die Erde zurück.

Der Wasserfloh

Wasserflöhe leben in großer Zahl in jedem Tümpel, Teich und Weiher. Sie halten sich oft im flachen Wasser zwischen Pflanzen auf. Hier gibt es genügend Schwebstoffe und winzige Algen, von denen sie sich ernähren. An ihrer Brust sitzen viele kleine Beinchen, die wie stark verzweigte Blätter aussehen. Die Wasserflöhe schlagen ständig mit den Beinen und erzeugen dadurch einen Wasserstrom, so dass ihnen Nahrungsteilchen zufließen.

Steckbrief

- Größe: 1–4 mm groß
- Auffällige Merkmale: rund, durchsichtiger Körper mit 2 langen, verzweigten Antennen
- Nahrung: kleine Algen, Bakterien, Schwebteilchen
- Wissenswertes: Krebstier; hüpft im Wasser wie ein echter Floh; ist eine wichtige Nahrung für Fische

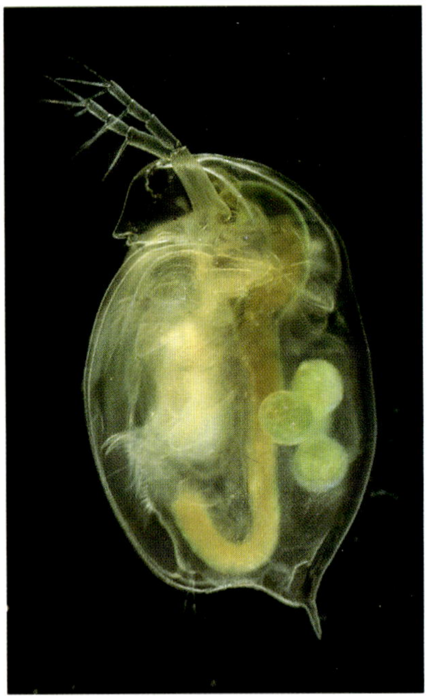

Sommereier und Dauereier

Die Weibchen der Wasserflöhe können zwei verschiedene Arten von Eiern legen. Im Sommer, wenn es reichlich Nahrung gibt, legen sie Sommereier. Diese haben eine ganz dünne Schale und müssen nicht von Männchen befruchtet werden. Aus diesen Eiern schlüpfen schon nach 2 Tagen kleine Jungtiere, die nach wenigen Tagen selbst Eier legen. So gibt es bei den Wasserflöhen in sehr kurzer Zeit viele Nachkommen. Wird das Wasser im Herbst kälter oder die Nahrung knapp, legen die Weibchen dickschalige Dauereier. Die Jungtiere schlüpfen erst, wenn die Lebensbedingungen wieder besser sind. Das kann sogar mehrere Monate dauern. Die Dauereier bleiben oft im Gefieder von Enten und Blässhühnern hängen und werden so von einem Teich zum nächsten geschleppt.

Schau genau hin …

Um einen Wasserfloh richtig sehen zu können, brauchst du eine Lupe. Er macht beim Schwimmen hüpfende Bewegungen, weil die beiden großen Antennen ruckartig schlagen. Du kannst auch das große Auge am Kopf und den gewundenen Darm, der wie ein dickes Rohr aussieht, erkennen. Manchmal befinden sich hinter dem Darm kleine Kugeln – das sind Eier. Dass sein Körper von zwei durchsichtigen Schalenhälften (wie bei einer Muschel) umgeben ist, kannst du nur unter dem Mikroskop erkennen, das viel stärker vergrößert als eine Lupe.

Die Kellerassel

Steckbrief

- Größe: bis 2 cm lang
- Auffällige Merkmale: brauner, flacher Körper aus vielen Segmenten und Beinen
- Nahrung: weiche, saftige, zerfallende Pflanzenteile
- Wissenswertes: Krebstier; sondert eine klebrige Flüssigkeit zum Schutz vor feindlichen Spinnen ab

Hättest du gedacht, dass die Kellerassel ein Verwandter der Krebse ist? Die meisten Assel-Arten leben im Meer oder am Strand. Doch Kellerasseln leben an Land und brauchen zum Leben keinen Teich, See oder Fluss. Kellerasseln atmen durch kiemenähnliche Atmungsorgane, die an ihren Hinterbeinen sitzen und ständig feucht gehalten werden müssen. Dazu tippen die Kellerasseln ihre Hinterbeine einfach in einen Wassertropfen.

Asseln leben an feuchten, dunklen Plätzen

Du begegnest ihnen im Keller oder im Garten, zum Beispiel wenn du den Komposthaufen umwendest. Auch unter moderndem Holz oder Falllaub triffst du sie an. Sobald du die Tiere störst, laufen sie hastig davon und suchen sich so schnell wie möglich einen neuen Unterschlupf.

Die Weibchen haben eine feuchte Bruttasche an ihrem Bauch. Hier tragen sie ihre Eier, aus denen nach vielen Tagen die Jungen schlüpfen. Sie bleiben noch eine Weile in der Bruttasche bei ihrer Mutter. Der Körper der Kellerasseln hat eine feste Hülle, die die inneren Organe schützt und dem Körper Stabilität verleiht. Diese Hülle besteht aus Chitin und wird auch Chitinpanzer oder Exoskelett (= „äußeres Skelett“) genannt.

Schau genau hin …

Wenn du eine Assel auf den Rücken drehst, erkennst du, dass ihre Beine nicht gleich aussehen. Die vorderen sieben Beinpaare sind lang. Mit ihnen läuft die Assel. Die hinteren Beinpaare sind kurz und sehen anders aus. An diesen Hinterbeinen sitzen die Atmungsorgane. Kannst du am Kopf die Augen erkennen?

Der Flohkrebs

Flohkrebse leben am Grund des Gewässers. Dort sind sie ständig in Bewegung. Das sieht merkwürdig aus: Auf der Seite liegend, rutschen sie über den Boden. Sie können aber auch gut schwimmen. Bei Gefahr strecken sich die Tiere ruckartig aus und schnellen vom Untergrund hoch wie ein Floh. Diesem Verhalten verdanken sie ihren Namen. Für Fische sind Flohkrebse eine beliebte Nahrung.

Steckbrief

- Größe: bis zu 2 cm lang
- Auffällige Merkmale: bogenförmig gekrümmter, seitlich zusammengedrückter Körper; grau oder hellbraun gefärbt
- Nahrung: frische und sich zersetzende Pflanzenteile, tote Wassertiere
- Wissenswertes: Krebstier; lebt in Bächen, Flüssen und Teichen; liegt auf der Seite am Boden

Die Paarung der Flohkrebse

Sicher hast du schon einmal in einem Bach die Steine umgedreht, die am Grund liegen? Dann hast du bestimmt auch schon Flohkrebse gesehen. Denn unter den Steinen und im Gewirr der Wasserpflanzen halten sie sich besonders gern auf. Häufig findest du zwei Flohkrebse, die sich aneinander klammern. Das sind Männchen und Weibchen, die lange Zeit beisammen bleiben. Nach der Paarung legt das Weibchen bis zu 100 Eier in ihre Brutkammer, die sich auf ihrem Bauch befindet. Bald schlüpfen die winzigen Jungen.

Schau genau hin ...

Bei uns leben verschiedene Arten von Flohkrebsen. Manche bewohnen stehende Gewässer wie Teiche und Seen, andere schnell strömende Bäche und Flüsse. Es gibt sogar einen Höhlenflohkrebs, der nur im Wasser von Höhlen, Brunnen und Quellen vorkommt. Flohkrebse, die in rasch strömenden Bächen leben, werden nie so groß wie die Flohkrebse aus Teichen, Seen oder langsam fließenden Gewässern.

Der Flusskrebs

Steckbrief

- Größe: bis 16 cm lang
- Auffällige Merkmale: 2 große Scheren, lang gestreckter Körper mit vielen Beinen
- Nahrung: Würmer, Wasserinsekten, Schnecken, Muscheln, Frösche und Molche, auch Fische, Aas, Wasserpflanzen
- Wissenswertes: heißt auch Edelkrebs; braucht Bäche und Flüsse mit klarem Wasser und geeigneten Verstecken für den Tag

Der Flusskrebs hat große Scheren, mit denen er sich gegen Feinde verteidigt und seine Beute ergreift. Kleinere Scheren zerkleinern die Nahrung und führen sie zur Mundöffnung. Erst in der Dämmerung oder wenn es ganz dunkel ist, geht der Flusskrebs auf Nahrungssuche. Tagsüber versteckt er sich unter überhängenden Uferböschungen und größeren Steinen.

Der Flusskrebs häutet sich regelmäßig

Ohne Häutung kann der Flusskrebs nicht wachsen. Dazu versteckt er sich in einem sicheren Unterschlupf. Bald reißt der alte Panzer auf. Der Krebs streift ihn ab und frisst ihn später auf. Unter dem alten Panzer hat sich schon der neue gebildet. Er ist ganz weich und braucht eine Woche, bis er völlig hart ist und den Krebs sicher schützt. Solange der Panzer noch weich ist, heißt der Krebs „Butterkrebs". In dieser Zeit bleibt er in seinem Versteck, ohne etwas zu fressen. Ist sein Panzer ausgehärtet, traut er sich wieder aus seinem Unterschlupf heraus.

Schau genau hin …

Flusskrebse paaren sich im Herbst. Bald darauf legt das Weibchen bis zu 100 Eier und klebt sie an die Beine ihres Hinterleibs. Ein halbes Jahr lang trägt sie sie mit sich herum. In einem großen Aquarium kannst du beobachten, wie sie mit den Beinen fächelt, um die Eier mit frischem Wasser zu versorgen. Wenn die Jungen geschlüpft sind, bleiben sie noch einige Tage lang am Körper der Mutter.

Die Krabbenspinne

Krabbenspinnen können – genau wie Krabben – auch seitwärts laufen. So kamen sie zu ihrem Namen. Mit den Krabben haben sie aber sonst nichts gemeinsam. Krabbenspinnen sind Echte Spinnen, wie du an ihren 8 Beinen erkennen kannst. Das Weibchen ist viel größer als das Männchen. Krabbenspinnen bauen keine Netze. Aber Männchen wickeln die Weibchen manchmal vor der Paarung mit ihrer Seide ein.

Steckbrief

- Größe: 3–11 mm lang
- Auffällige Merkmale: 2 vordere Beinpaare länger als die beiden hinteren, Weibchen gelb, weiß oder grünlich, Männchen braun
- Nahrung: Insekten, auch Honigbienen
- Wissenswertes: kann gut sehen, baut kein Spinnennetz, überwältigt auch Insekten, die viel größer und kräftiger sind als sie

Die Krabbenspinne jagt tagsüber

Während das Männchen immer braun bleibt, kann das Weibchen seine Körperfarbe verändern: Auf weißen Blüten ist es weiß, auf gelben gelb und auf grünen Blättern gelbgrün gefärbt. So getarnt ist eine Krabbenspinne kaum zu entdecken. Bewegungslos und mit weit ausgebreiteten Vorderbeinen sitzt sie auf einer Blüte und lauert stundenlang auf Beute. Landet ein ahnungsloser Schmetterling auf der Blüte, wird er blitzschnell überfallen und gebissen. Auf diese Weise erlegt die Spinne auch wehrhafte Bienen. Das Gift wirkt schnell und verwandelt das Körperinnere des Opfers in einen flüssigen Brei, den die Spinne dann aussaugt.

Schau genau hin …

Krabbenspinnen können ihre Farbe nicht in Sekundenschnelle verändern. Es dauert ein paar Tage, bis aus einer weißen Spinne eine gelbe geworden ist. Deshalb bleiben Krabbenspinnen längere Zeit auf der ausgewählten Blüte.

Die Kreuzspinne

Steckbrief

- Größe: 5–18 mm groß
- Auffällige Merkmale: 4 Beinpaare; bräunlich gefärbt, dicker Hinterleib mit weißer Kreuzzeichnung; Spinndrüsen am Hinterleib
- Nahrung: Insekten
- Wissenswertes: sitzt nachts kopfunter in der Mitte ihres Netzes; fängt auch viele für uns lästige Insekten wie Stubenfliegen und Stechmücken

Jeden Tag spinnt die Kreuzspinne ein neues Netz und frisst das alte auf. An einem Faden seilt sie sich ab und versteckt sich tagsüber unter Grashalmen. Wenn ein Schmetterling in das Netz fliegt und sich darin verfängt, nimmt die Spinne die strampelnden Bewegungen des Beutetiers wahr und eilt sofort zu ihm. Kreuzspinnen fressen ihre Beute nicht im Spinnennetz, sondern bringen sie zu einem Versteck in der Nähe des Netzes.

Die Kreuzspinne sieht nicht besonders gut

Die Kreuzspinne findet ihr Opfer über ihren Tastsinn. Mit raschen Bewegungen dreht die Spinne ihr Opfer um die eigene Achse, lässt dabei dünne Spinnfäden aus ihren Spinndrüsen und wickelt die Beute damit ein. Sie tötet ihr Opfer mit einem giftigen Biss. Weil die Mundöffnung der Spinne sehr klein ist, kann sie nur flüssige Nahrung aufnehmen. Deshalb spuckt sie Verdauungssäfte auf die Beute, knetet sie durch und schlürft den flüssig gewordenen Inhalt in sich hinein.

Schau genau hin ...

Beobachte einmal, wie die Kreuzspinne ihr Netz baut. Zuerst entlässt sie aus ihren Spinndrüsen einen Faden in die Luft. Der Wind erfasst ihn, bis der Faden an einem Zweig hängen bleibt. Dann krabbelt die Spinne über diesen Faden und verdickt ihn mit Spinnfäden. Von der Mitte aus seilt sie sich nach unten ab und befestigt den Faden dort. Das Ganze sieht nun wie ein Y aus. Dann spinnt sie von der Mitte aus weitere Fäden nach außen. Zuletzt spinnt sie von der Mitte aus klebrige Fangfäden in einer Spirale. Fertig ist das Radnetz.

Die Hausspinne

Igitt, in der Badewanne sitzt eine große Hausspinne! Bei der nächtlichen Jagd nach Beute oder auf der Suche nach einem Weibchen ist das Männchen in die Wanne gefallen. Wegen der glatten Wände kann es nun nicht mehr heraus. Weil die Hausspinne groß, dunkel und haarig ist und sehr schnell laufen kann, fürchten sich viele Menschen vor ihr. Die Hausspinne ist ein fleißiger Vertilger von Insekten.

Steckbrief

- Größe: Körper bis 2 cm lang, Spannweite der Beine bis zu 8 cm
- Auffällige Merkmale: 8 sehr lange Beine; dunkel gefärbt
- Nahrung: Insekten
- Wissenswertes: eine der größten heimischen Spinnen; wird 7–8 Jahre alt; ist nachts unterwegs; lebt in unseren Häusern

Das Weibchen läuft nicht im Haus herum

Das Weibchen bleibt in seinem trichterförmigen Netz, das es in einer Kellerecke oder einem Winkel gebaut hat. Das Netz besteht aus einer offenen Wohnröhre und einem Gespinst aus Spinnfäden davor. Die Spinne lauert in ihrer Wohnröhre, bis ein Beutetier über die Spinnfäden stolpert. Dann rennt sie herbei, überwältigt ihr Opfer mit einem giftigen Biss und kehrt mit ihm auf dem kürzesten Weg in die schützende Wohnröhre zurück.

Schau genau hin …

Die große Hausspinne besitzt den typischen Körperbau aller Spinnen: Ihr Körper besteht aus einem harten Vorderteil und einem weicheren Hinterteil. Am Vorderteil sitzen die vier Paar Laufbeine, die Mundwerkzeuge und 6–8 Augen.
Am Hinterteil befinden sich die Spinndrüsen, die fast alle Spinnen haben. Betrachte einmal eine Spinne unter der Lupe. Am Kopf siehst du deutlich die zahlreichen dunklen Knopfaugen, mit denen die meisten Spinnen aber nicht besonders gut sehen können. Schau dir auch die kräftigen Kiefer an, mit denen die Spinne ihre Beute packt.

Die Springspinne

Steckbrief

- Größe: bis 1 cm lang
- Auffällige Merkmale: ziemlich klein, 8 kurze Beine, 2 riesige und 6 kleinere Augen
- Nahrung: Insekten wie Ameisen, Mücken und Fliegen
- Wissenswertes: überwältigt auch Insekten, die größer als sie sind; spinnt ein Netz zum wohnen, nicht zum Beutefang

Im Sommer solltest du unbedingt einmal eine Springspinne beobachten. Du findest sie auf sonnigen Hauswänden und Fensterbänken. Hier ist ihr Jagdrevier. Mit ihren großen Augen kann sie ausgezeichnet sehen und jede Bewegung erkennen. Wenn sie umherläuft, zieht sie ständig einen Spinnfaden nach. Biologen nennen ihn Weg- oder Sicherheitsfaden. Vor einem Sprung heftet die Springspinne ihn am Untergrund fest. So kann sie nicht abstürzen.

Bei der Jagd

Hat die Springspinne ein Insekt entdeckt, schleicht sie sich vorsichtig heran. Dann kauert sie sich wie eine Katze nieder und springt die Beute aus 4–5 Zentimeter Entfernung an. Beim Sprung streckt sie die vorderen Beinpaare nach vorne und packt damit ihr Opfer. Wenn ein Männchen ein Weibchen sieht, beginnt es zu tanzen. Es wiegt seinen Körper hin und her und winkt mit seinen Vorderbeinen. Das Weibchen reagiert nur dann auf das Werben, wenn ihm Körperhaltung, Bewegungsweise und Farbmuster des Männchens zeigen, dass es zur gleichen Spinnenart gehört wie das Weibchen.

Schau genau hin ...

Bei uns gibt es rund 250 verschiedene Arten von Springspinnen. Häufig begegnest du der schwarz-weiß gestreiften Zebraspringspinne, die oft im Haus lebt. Manche heimischen Springspinnen sind nicht so leicht zu erkennen, denn sie sehen so ähnlich wie Käfer oder Ameisen aus. So getarnt können sie sich unbemerkt an ihre Beute heranschleichen. Den Unterschied zwischen Springspinnen und Insekten erkennst du daran, dass die Spinne 8 Beine hat.

Der Weberknecht

Weberknechte sind Spinnentiere mit 8 sehr langen Beinen. Mit diesen tastet der Weberknecht seine Umgebung ab und sucht zwischen den Pflanzen nach toten und kleinen lebenden Insekten. Sehr gewandt krabbelt er über Kräuter, Sträucher und Zweige. Große Lücken zwischen Halmen und Blättern überschreitet er einfach. Weberknechte haben keine Spinn- oder Giftdrüsen wie die Echten Webspinnen.

Steckbrief

- Größe: Körper bis zu 1 cm lang
- Auffällige Merkmale: sehr lange, dünne Beine, eiförmiger Körper
- Nahrung: kleine Insekten, Spinnen und Schnecken, Aas
- Wissenswertes: heißt auch Schneider, Schuster oder Kanker; überwintert in engen Spalten und Höhlen oft zusammen mit vielen Artgenossen

Bei Gefahr opfert der Weberknecht ein Bein

Packt ein feindlicher Vogel oder eine Spitzmaus eines seiner Beine, so bricht es sofort an einer vorgebildeten Stelle ab. Das abgeworfene Beine zuckt sogar noch eine Weile, um den Räuber von dem fliehenden Weberknecht abzulenken. Im Herbst siehst du besonders häufig Tiere mit nur noch 4 oder 5 Beinen, denn sie wachsen nicht nach. Weberknechte leben nicht nur in Wäldern, sie kommen auch in Gärten und an Mauern vor. Im Herbst kannst du viele auf den Stoppelfeldern antreffen.

Schau genau hin ...

Der Weberknecht sieht wie eine Echte Spinne aus, ist aber keine. Er gehört wie die Skorpione und Milben zu den Spinnentieren, denn er besitzt keine Spinndrüsen und sein Körper besteht nicht aus zwei Teilen wie bei den Echten Spinnen. Der Körper des Weberknechts ist einteilig. Vorne erkennst du die langen Mundwerkzeuge und die Augen, die auf kleinen Hügeln sitzen. Mit ihnen kann er nur hell und dunkel unterscheiden.

Die Zecke

Steckbrief

- Größe: nüchtern 2–4 mm lang, voll gesogen über 1 cm lang
- Gewicht: 2,5 Milligramm, voll gesogen bis zu 500 Milligramm (das ist ein halbes Gramm)
- Auffällige Merkmale: dunkelbraun, sehr flacher Körper, 8 Beine
- Nahrung: Blut
- Wissenswertes: Spinnentier; heißt auch Holzbock; saugt Blut an Menschen und anderen Säugetieren sowie an Vögeln

Die Zecke lässt sich nicht – wie häufig angenommen – von einem Baum herunterfallen. Die Gefahr lauert unten: Das Zecken-Weibchen sitzt meist auf einem Grashalm oder auf einem Blatt in Kniehöhe. An den Erschütterungen und am Geruch nimmt die Zecke wahr, wenn sich ihr jemand nähert. Sie fährt ihre Vorderbeine aus und krallt sich sofort an der Beute fest.

Die Zecke sucht nach der besten Stelle

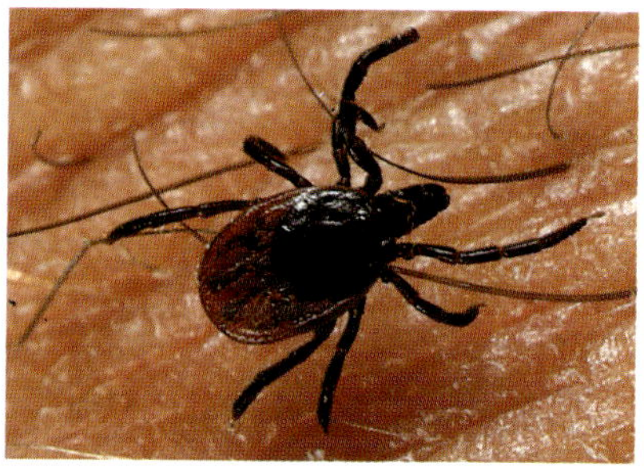

Sie krabbelt eine ganze Weile auf der Haut herum und sucht eine weiche Stelle, wo sie gut saugen kann. Das sind zum Beispiel die Kniekehlen, der Schambereich, unter den Achseln oder der Hals. Sie bewegt sich dabei so behutsam, dass du ihr Krabbeln nicht bemerkst. Auch wenn sie ihren Rüssel in die Haut bohrt, spürst du das nicht. Nach 5–14 Tagen ist das Weibchen voll gesogen und ganz dick. Es lässt sich fallen und legt bis zu 3.000 Eier auf den Erdboden. Zecken können Krankheiten übertragen, die für Menschen lebensgefährlich sind. Deshalb solltest du alles tun, um einen Zeckenbiss zu vermeiden.

voll gesogene Zecken

Zecke vor dem Saugen

Schau genau hin …

Von Mai bis Oktober suchen Zecken nach einem Opfer. Trage in dieser Zeit auf deinen Streifzügen durch Wälder und Hecken möglichst geschlossene Kleidung. Reibe zuvor deinen Körper mit Zeckenschutzmittel ein und suche ihn zum Beispiel nach einer Waldwanderung sofort gründlich nach Zecken ab. Beginn bei den Beinen und schau genau hin, denn hungrige Zecken sind winzig. Sie sind kleiner als ein Apfelkern. Hast du eine wandernde Zecke entdeckt, zerquetsche sie zwischen deinen Fingernägeln. Hat sie sich schon festgesaugt, musst du sie entfernen. Merke dir die Stelle gut, wo sie gesaugt hat. Wenn du dich Tage später nicht gut fühlst oder die Stelle sogar noch Wochen später rot wird, musst du sofort zum Arzt!

Der Tausendfüßer

Tausendfüßer haben einen langen Körper, der aus vielen Ringen besteht. Zu jedem Ring gehören 2 Beinpaare. Deswegen werden Tausendfüßer auch Doppelfüßer genannt. Trotz ihres Namens haben Tausendfüßer keine tausend Beine, sondern höchstens 260. Um den Tausendfüßer mit den meisten Beinen zu treffen, musst du nach Amerika fahren: Dort lebt eine Art mit 700 Beinen.

Steckbrief

- Größe: bis 4 cm lang
- Auffällige Merkmale: langer, wurmförmiger Körper aus vielen Ringen; pro Ring 2 Beinpaare
- Nahrung: verrottende Pflanzenteile
- Wissenswertes: lebt im Falllaub, in Baumstümpfen und unter Steinen in Laubwäldern; schlüpft mit 6 Beinen aus dem Ei; bei jeder Häutung kommen neue Ringe mit Beinen dazu

Tausendfüßer sind wichtig für unsere Wälder

Hier leben sie im Laub, das unter den Bäumen liegt, und fressen die verrottenden Blätter. Mit ihrem Kot führen sie dem Waldboden wichtige Nähr- und

Mineralstoffe zu, damit die Bäume, Sträucher und Kräuter wachsen können. Tausendfüßer bewegen sich nur langsam fort. Ihr Körper bleibt dabei gerade und wird von den kurzen Beinen vorwärts geschoben. Fühlt sich ein Tausendfüßer bedroht, rollt er sich zu einer Spirale ein und schützt so Bauch und Beine. Feinde schreckt er mit einer giftigen, stinkenden Flüssigkeit ab, die er bis zu 30 Zentimeter weit ausspritzen kann. Menschen kann diese Flüssigkeit allerdings nichts anhaben. Dennoch ist es besser, wenn du einen Tausendfüßer nur beobachtest und ihn nicht anfasst.

Schau genau hin …

Beobachte einmal, wie ein Tausendfüßer läuft. Die Beine bewegen sich nicht gleichmäßig im Gleichschritt, sondern wie eine von hinten nach vorne laufende Welle.

Der Steinläufer

Steckbrief

- Größe: bis 3 cm lang
- Auffällige Merkmale: flacher, brauner Körper aus zahlreichen Segmenten; pro Segment ein Beinpaar; Kopf mit langen Fühlern und Giftklauen
- Nahrung: Insekten und ihre Larven, Asseln, kleine Würmer, junge Schnecken
- Wissenswertes: Hundertfüßer; lebt räuberisch unter Steinen, im Falllaub oder in morscher Rinde

Der Steinläufer kommt dort vor, wo es feucht und dunkel ist. Hebst du einen Stein hoch, unter dem ein Steinläufer sitzt, rennt er eilig davon und verschwindet in einem neuen Versteck. Der Steinläufer gehört zu den Hundertfüßern, besitzt in Wirklichkeit aber nur 30 Beine. Mit seinem beweglichen Körper kann er sehr schnell laufen. Zu jedem Körpersegment gehört ein Beinpaar.

Steinläufer sind Raubtiere

Steinläufer sind nachtaktiv. In ihrem Unterschlupf lauern sie auf Beute. Berührt eine Assel oder ein Insekt zufällig die empfindlichen Fühler des Steinläufers, verfolgt er sie und tötet die Beute durch einen giftigen Biss. Das Gift wirkt schnell. Der Steinläufer reißt Stücke aus seinem Opfer und verspeist sie. So frisst er nach und nach die weichen Körperteile auf, nur die harte Körperhülle bleibt übrig. Für uns Menschen ist der Biss eines Steinläufers unangenehm, aber nicht gefährlich. Fass ihn jedoch besser nicht an.

Schau genau hin …

Der Steinläufer hat 15 Beinpaare. Er läuft allerdings nur mit den vorderen 14 Paaren, das letzte ist länger und nach hinten gestreckt. Mit diesem 15. Beinpaar greift er Beute, verteidigt sich gegen feindliche Spinnen und Ameisen und benutzt es bei der Paarung.

Schau genau hin ...

Alle Spinnen töten ihre Beute mit einem giftigen Biss, der die Opfer rasch lähmt. Das Gift und Verdauungssäfte, die die Spinnen zusätzlich über ihre Opfer spucken, verflüssigen den Körperinhalt, den die Spinnen dann aussaugen. Zurück bleiben die leeren Körperhüllen der Beutetiere, die du rund um die Spinnennetze finden kannst. Sie geben dir einen guten Überblick über den Speiseplan einer Spinne.

Wie heimische Spinnen ihre Beute jagen

Alle Spinnen ernähren sich von lebenden Kleintieren, die sie selbst erbeuten. Dabei haben die verschiedenen Spinnenarten unterschiedliche Jagdmethoden entwickelt.

Die Fallensteller

Zu ihnen gehören die Hausspinne, die Kreuzspinne und all die anderen Spinnenarten, die Netze bauen.

Jede Spinnenart baut ein für sie typisches Netz. Die Hausspinne zum Beispiel spinnt vor ihrer Wohnhöhle ein Gewirr aus Fäden, über die Beutetiere stolpern. Viele Spinnenarten verwenden in ihren Netzen klebrige Fäden, an denen die Beutetiere kleben bleiben. Dazu zählen die Netze der Baldachinspinnen, die wie waagerechte Decken im Ge-

Spinne in Wohnröhre

Die verschiedenen Jagdstrategien der Spinnen

büsch hängen. Morgens, wenn Tautropfen an den Fäden hängen, kannst du die Netze besonders gut sehen. Zitterspinnen spinnen unregelmäßige Netze aus klebrigen Fäden in Zimmerecken – du hast sie bestimmt schon gesehen, wenn die Spinnen bei Störung durch sehr schnelle Schwingungen ihr Netz in Bewegung setzen. Als Meister unter den Netzbauern gelten die Spinnen, die wie die Kreuzspinne perfekte Radnetze aus klebrigen Fangfäden und nichtklebrigen Lauffäden bauen.

Aktive Jäger und Lauerjäger

Springspinnen bauen keine Netze. Sie sind aktive Jäger, die sich an ihre Beute heranschleichen und sie mit einem gewaltigen Sprung überwältigen. Damit Springspinnen nicht abstürzen, ziehen sie stets einen Sicherheitsfaden hinter sich her. Lauerjäger, wie zum Beispiel Krabbenspinnen oder Wolfsspinnen, warten gut getarnt auf Blüten, unter Blättern oder in Verstecken auf Beute, die sie mit ihren kräftigen Vorderbeinen packen.

Schau genau hin …

Spinnen fehlen in keinem Lebensraum. Sie sind für die Natur und ein gesundes Zusammenleben aller Tier- und Pflanzenarten sehr wichtig.
Sie sorgen dafür, dass sich viele Kleintiere nicht massenhaft vermehren und alles kahl fressen. So erbeuten Spinnen auch viele für den Menschen und seine Kulturpflanzen schädliche Arten. Auch die herbstlichen Spinnennetze vor unseren Fenstern und Türen sind für uns sehr nützlich: Schau einmal nach, wie viele Stubenfliegen und Stechmücken darin gefangen sind!

Register

N

O

P

Q

R

S

T

Bildnachweis
o = oben; u = unten; l = links; r = rechts; M = Mitte

Mit Farbfotos von:
Bellmann S. 117 (beide), 138 o., 140 (1. Reihe, 3. von l.; 1. Reihe, 4. von l.; 3. Reihe, 1. und 2. von l.; 3. Reihe, 3. von l.; 4. Reihe, 1. von l.), 144, 145 r., 148 M.r., 149 (beide), 150 M.l., 151 M.r.,153, 158, 161 o.r., 163, 164 (1. Reihe, 3. von l.; 3. Reihe, 1. von l.; 4. Reihe, 1. von l.; 4. Reihe, 4. von l.; 5. Reihe, 2. von l.), 165 o., 168, 169 (beide), 170 o.r., 174, 176 u.r., 178 (beide), 180 (beide), 183 M.r.
Danegger S. 68 (2. Reihe, 2. von l.), 141 u.r.
Ewald S. 38 u.M.
Fürst S. 140 (2. Reihe, 3. von l.)
Hecker S. 6 o., 7 o., 8 (beide), 10 (3. Reihe, 4. von l.; 4. Reihe, 1. und 3. von l.), 12 M.l., 13 M.r., 14 u.l., 14 u.r., 17 l., 18 l., 19 u.l. (klein), 20 u.l., 21 u.M., 23 u.l., 24 M.l., 24 u.l., 27 u.M., 29 u.l., 30 (beide), 31 (beide), 32 (beide), 34 (3. Reihe, 2. und 3. von l.; 4. Reihe, 1., 3. und 4. von l.; 5. Reihe, 1. und 2. von l.), 36 l. (beide), 38 u.l., 39, 40 u.M., 41 u.r., 43, 44, 45 (beide), 47 M.r., 48 (beide), 49 u.l. (groß), 50 u.r., 51 M.r., 52 u.M., 58 (1. Reihe, 1., 2., und 3. von l.), 59 (beide), 60 (beide), 63, 64, 68 (1. Reihe, 3. von l.; 2. Reihe, 3. von l.; 3. Reihe, 3. von l.; 4. Reihe, 1. und 4. von l.; 5. Reihe, 2. und 3. von l.), 69 u.l, 69 u.r., 72 (beide), 76 M.l., 76 u.r., 78 M.l., 79 M.r., 81, 82 M.l., 84 M.l., 85 u.l., 86 (beide), 87 (beide), 89 M.r., 92 (1. Reihe, 1. von l.; 1. Reihe, 3. und 4. von l.; 2. Reihe, 2. von l.; 3. Reihe, 1. und 4. von l.; 4. Reihe, 2., 3. und 4. von l.; 5. Reihe, 1., 2. und 4. von l.), 94 M.r., 96 (beide), 97 M.r., 98 u.r., 100 u.l., 101 u.r., 104 M.l., 105 M.r., 106 M.l., 107 (beide), 108 M.r., 109 M.r., 110 M.l., 111 (beide), 113 u.r., 114, 116 (1. Reihe, alle 4; 2. Reihe, alle 3; 3. Reihe, 1. von l.; 3. Reihe, 3. und 4. von l.; 4. Reihe, 2. und 3. von l.; 5. Reihe, 1. und 2. von l.), 118 M.l., 119 M.r., 120 u.r., 121 M.r., 122 (beide), 123 u.l., 124 (alle 3), 125 (beide), 126 (alle 3), 127 M.r., 128 u.l., 129 M.r., 130 u.r., 131, 132 (beide), 134 M.l., 135 u.r., 140 (1. Reihe, 1. von l.; 3. Reihe, 4. von l.; 5. Reihe, 4. von l.), 142 (beide), 143 o.r., 151 u.l., 152, 154 (beide), 156 u.l., 162 u.l. (beide), 162 o., 164 (1. Reihe, 4. von l.; 2. Reihe, alle 3; 3. Reihe, 2. von l.; 5. Reihe, 4. von l.), 165 u.l., 170 u.l., 171 u.l., 172, 173, 180 u.r., 183 u.l., 185 u.l.
Dr. F.Sauer/Hecker S. 10 (5. Reihe, 2. von l.), 17 r., 21 u.l., 22 u.r., 49 u.l. (klein), 50 M.l., 68 (1. Reihe, 2. Von l.), 71 (beide), 92 (1. Reihe, 2. von l.; 3. Reihe, 2. von l.), 95 M.r., 98 M.r., 102, 103 u.l., 110 u.r., 116 (3. Reihe, 2. von l.; 4. Reihe, 4. von l.; 5. Reihe, 4. von l.), 120 M.l., 121 u.l., 123 u.r., 127 u.l., 133 u.l., 137 (beide), 140 (2. Reihe, 1. von l.; 2. Reihe, 2. von l.; 4. Reihe, 4. von l.), 145 l., 146, 147 (beide), 148 u.r., 150 u.r., 156 o.r., 159, 160, 161 u.l., 162 u.r. (beide), 164 (1. Reihe, 1. von l.; 3. Reihe, 2. von l.; 3. Reihe, 3. von l.) 166 (beide), 175, 176 M.l., 177 M.r., 179 M.r.
Mestel/Hecker S. 68 (2. Reihe, 1. von l.; 3. Reihe, 4. von l.; 4. Reihe, 2. von l.; 5. Reihe, 4. von l.), 69 o., 74 M.l., 80, 82 u.r., 83 M.r., 89 u.r., 92 (3. Reihe, 3. von l.; 4. Reihe, 1. von l.; 5. Reihe, 3. von l.), 93 M.r., 95 u.l., 97 u.l., 99 (beide), 103 M.r, 104 u.r., 105 u.l., 112 (beide), 115 o.
Kuhn S. 90 (beide), Haupttitel
Laux S. 11 (Blatt), 56 u., 58 (1. Reihe, 4. von l.; 2., 3., 4., 5. Reihe: alle), 61, 62, 65 (beide)
Layer S. 68 (1. Reihe, 1. von l.)
Limmbrunner S. 68 (3. Reihe, 3. von l.), 75 M.r., 78 u.r.
Löhr S. 116 (4. Reihe, 3. von l.), 136 (beide)
Pforr S. 6 u., 9 o.r., 11 (Nadel), 14 M.l., 15 (beide), 16, 29 M.l., 33, 34 (3. Reihe, 4. von l.), 41 M.r., 42 M.r., 47 u.r., 55 M.r., 57 u., 66/67 (alle 3), 70 M.r., 73 l., 79 u.l., 88 u., 91 o., 92 (2. Reihe, 3. von l.), 93 u.r., 100 u.r., 101 u.l., 118 u.r., 119 u.l, 128 M.l., 129 u.r., 138 u., 139, 140 (4. Reihe, 3. von l.; 5. Reihe, 3. von l.), 164 (1. Reihe, 2. von l.; 5. Reihe, 3. von l.) , 167, 184
E. Pforr S. 68 (3. Reihe, 1. von l.), 77
Pott S. 7 M.r., 10 (1. Reihe, 4. von l.; 2. Reihe, 1. und 3. von l.; 3. Reihe, 1. Von l.), 34 (1. Reihe, alle; 2. Reihe, alle; 3. Reihe, 1. von l.; 4. Reihe, 2. von l.), 36 u.r., 51 u.M., 55 u.l., 56/57 o., 91 u.r.
Reinhard S. 10 (1. Reihe, 1., 2. und 3. von l.; 2. Reihe, 2. von l.), 34 (5. Reihe, 3. von l.), 52 u.r., 57 oben (klein), 84 u.r., 133 M.r.
Schönfelder S. 18 r.
Silvestris/Kalden S. 155 u.r.
Silvestris/Martinez S. 140 (4. Reihe, 2. von l.)
Silvestris/Wothe S. 75 u.l.
Silvestris/Pieschel S. 88 M.l.
Tuschel bei Willner S. 74 u.r.
Willner S. 7 u., 9 o.l., 9 M.l., 9 u., 10 (3. Reihe, 2. und 3. von l.; 4. Reihe, 2. und 4. von l.; 5. Reihe, 1., 3. und 4. von l.), 12 u.l., 13 u.r., 19 u.l. (groß), 20 u.M., 22 u.M., 23 u.r., 25 (beide), 26, 27 u.l., 28 (beide), 34 (5. Reihe, 4. von l.), 37, 40 u.r., 41 u.r., 42 u.r., 46 (beide), 53, 68 (1. Reihe, 4. von l.; 4. Reihe, 3. von l.; 5. Reihe, 1. von l.), 70 u.l., 73 u.r., 76 u.l., 83 u.l., 85 M.r., 94 u.l., 106 u.r., 108 M.l., 109 u., 113 M.r., 140 (1. Reihe, 2. von l.; 5. Reihe, 1. von l; 5. Reihe, 2. von l.), 141 u.r., 141 o.r., 143 u.r., 157, 164 (3. Reihe, 4. von l.; 4. Reihe, 3. von l.; 5. Reihe 1. von l.), 165 M.l., 171 o.r., 177 u.l., 179 u.l., 180 M.l., 182 (beide), 186 (beide)
Wothe S. 155 o.r.
Zeininger S. 116 (4. Reihe, 1. von l.), 130 M.l.

Mit Illustrationen von:
Golte S. 4 (Löwenzahn, Spitzmaus), 5 (Maulwurf, Hundertfüßer, Qualle, Regenwurm), 7, 8, 18, 24, 29 (beide), 30, 31 M.r., 35, 44 (beide), 45, 53, 69, 71, 72, 73, 74, 75, 77, 80, 81, 86, 95, 97, 98, 102, 111, 115, 144, 145, 146, 148, 153, 154, 157, 159, 160, 161 (beide), 165, 168, 169, 173, 175, 185, Schmutztitel, vorderes Vorsatz (Spinne, Steinläufer, Schmetterling, Schnecke, Regenwurm, Qualle, Fledermaus, Feldhase, Seehund, Maus, Waldkauz)
Kohnle S. 43
Kolek-Meyer S. 5 (Frosch, Kreuzotter, Schmetterling), 117, 118, 120, 121, 124, 125, 128, 139, 152, vorderes Vorsatz (Eidechse, Schlange, Frosch)
Lang S. 4 (Apfel, Ahornblätter, Lindenblatt), 5 (Blaugrüne Mosaikjungfer), 12 u.r., 13 u.l., 22 u.r., 25 u.r., 27.M.M., 46 (beide), 47, 122, 135, 141, vorderes Vorsatz (Teichmolch, Fisch), hinteres Vorsatz (Apfel, Ahornblatt, Lindenfrucht)
Lottmann S. 5 (Storch, Ente), 94, 96, 99
Hofmann S. 54 (beide)
Willbarth S. 4 (Herbstzeitlose, Margerite, Pilze, Reh), 38 (beide), 40 (alle 3), 49, 51, 52, 65, 88, 104, 109, 187, vorderes Vorsatz (Reh), hinteres Vorsatz (Wilde Möhre, Brennnessel, Herbstzeitlose, Pilze, Margerite)
Zauner S. 12 M.r., 13 M.l., 14, 15, 16, 17, 19, 20, 21, 22 M.r., 23, 25 M.r., 26 M.r., 27 M.r., 28, hinteres Vorsatz (alle s/w Illustrationen)

Umschlaggestaltung von Friedhelm Steinen-Broo, eStudio Calamar unter Verwendung von Fotos von Lenz (Pferd), Willner (Frosch), Reinhard (alle übrigen).

Dieses Buch folgt den Regeln der neuen Rechtschreibung.

Bibliografische Information der Deutschen Bibliothek
Die Deutsche Bibliothek verzeichnet diese Publikation in der Deutschen Nationalbibliografie; detaillierte bibliografische Daten sind im Internet über http://dnb.ddb.de abrufbar.

ISBN 3-440-09643-2
Redaktion: Claudia Müller
Grundlayout: Friedhelm Steinen-Broo, eStudio Calamar,
Produktion: Ralf Paucke
Printed in Czech Republic / Imprimé en République tchèque

KOSMOS Postfach 106011
D-70049 Stuttgart
TELEFON +49 (0)711-2191-0
FAX +49 (0)711-2191-422
WEB www.kosmos.de
E-MAIL info@kosmos.de

19,95

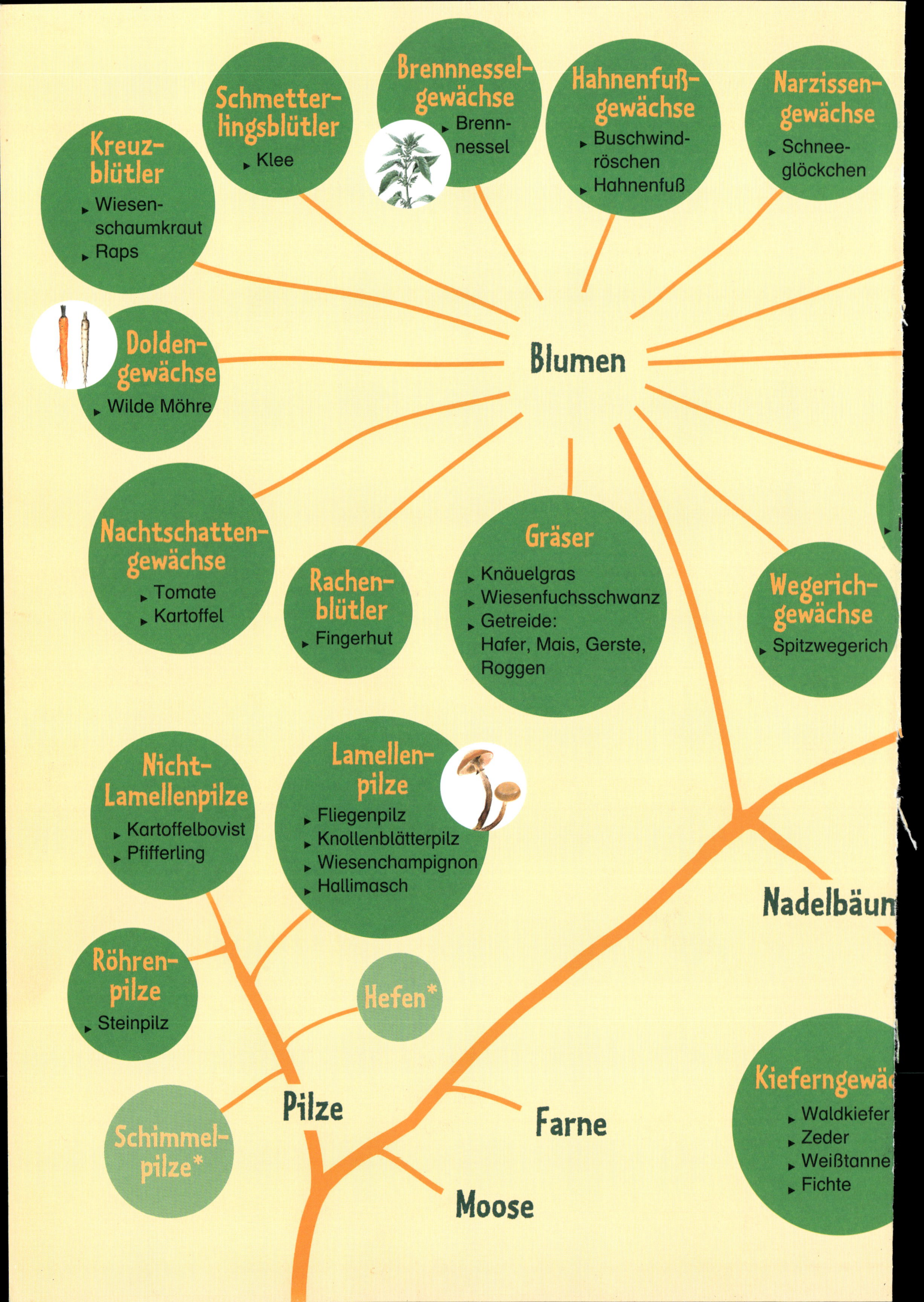
Kreuzblütler
Wiesenschaumkraut
Raps
Schmetterlingsblütler
Klee
Brennnesselgewächse
Brennnessel
Hahnenfußgewächse
Buschwindröschen
Hahnenfuß
Narzissengewächse
Schneeglöckchen
Doldengewächse
Wilde Möhre
Blumen
Nachtschattengewächse
Tomate
Kartoffel
Rachenblütler
Fingerhut
Gräser
Knäuelgras
Wiesenfuchsschwanz
Getreide: Hafer, Mais, Gerste, Roggen
Wegerichgewächse
Spitzwegerich
Nicht-Lamellenpilze
Kartoffelbovist
Pfifferling
Lamellenpilze
Fliegenpilz
Knollenblätterpilz
Wiesenchampignon
Hallimasch
Nadelbäun
Röhrenpilze
Steinpilz
Hefen*
Pilze
Schimmelpilze*
Farne
Moose
Kieferngewäc
Waldkiefer
Zeder
Weißtanne
Fichte

fanten*

re

eder-
äuse
ergfleder-
us

dile*

ere

el-
ne
nai

Säugetiere

Raubtiere

- Hund
- Marder
- Braunbär
- Katze
- Seehund

Primaten*
- Halbaffen
- Affen
- Menschen

Paarhufer

Nichtwiederkäuer
- Wildschwein
- Hausschwein

Wiederkäuer
- Hirsch/Reh
- Hausrind

Schwielensohler
z.B.
- Kamel

Unpaarhufer*
- Pferd

Nagetiere
- Ratte
- Maus

Insektenfresser
- Maulwurf
- Igel
- Spitzmaus

Beuteltiere*
- Känguru

Wale*
- Delfin
- Wal

Vögel

Vögel

- Ente
- Rotkehlchen
- Weißstorch
- Waldkauz

Lurche

Schwanzlurche
- Teichmolch
- Feuersalamander

Frösche
- Gelbbauchunke
- Erdkröte
- Laubfrosch

Knochenfische

- Flunder
- Forelle
- Wels
- Aal

* Diese Tiergruppen werden im Buch nicht beschrieben, sind hier aber der Vollständigkeit halber aufgeführt.